中等职业教育国家规划教材配套用书

机械制图习题集

（多学时）

第3版

金大鹰　主编

机械工业出版社

本习题集是在原中等职业教育国家规划教材配套用书《机械制图习题集（机械类）》第2版的基础上，根据教育部颁布、2010年实施的中等职业学校《机械制图教学大纲》（多学时）的基本要求，按最新机械制图国家标准修订而成。与金大鹰主编的教材《机械制图（多学时）》第3版配套使用。

本习题集共十一章，前九章为必修内容，后两章为选学内容。习题集中的内容丰富，图形清晰、秀美。凡教材中的内容均有习题相伴，题型多、寓意深、角度新。习题有一定余量，为教师选用、学生选作提供了方便。此外，在零件图、装配图部分还编排了一些难度较大的看图题，并附有立体图，供学生自行选读。

本习题集适用于中等职业学校（普通中专、职业高中、技工学校、职工中专等）机械类（或近机械类）各专业的制图教学，也可供职工培训使用或参考。

图书在版编目（CIP）数据

机械制图习题集：多学时/金大鹰主编. —3版. —北京：机械工业出版社，2010.8（2015.9重印）
中等职业教育国家规划教材配套用书
ISBN 978-7-111-31536-0

Ⅰ.①机… Ⅱ.①金… Ⅲ.①机械制图—专业学校—习题 Ⅳ.①TH126-44

中国版本图书馆CIP数据核字（2010）第156053号

机械工业出版社（北京市百万庄大街22号 邮政编码100037）
策划编辑：杨民强 责任编辑：杨民强
责任校对：卢惠英 封面设计：姚 毅
责任印制：乔 宇

北京铭成印刷有限公司印刷

2015年9月第3版第7次印刷
260mm×184mm · 9.75印张 · 230千字
14001—16000册
标准书号：ISBN 978-7-111-31536-0
定价：19.00元

凡购本书，如有缺页、倒页、脱页，由本社发行部调换

电话服务
社服务中心：（010）88361066
销售一部：（010）68326294
销售二部：（010）88379649
读者购书热线：（010）88379203

网络服务
门户网：http://www.cmpbook.com
教材网：http://www.cmpedu.com
封面无防伪标均为盗版

第3版前言

本习题集是在原中等职业教育国家规划教材配套用书《机械制图习题集(机械类)》第2版的基础上，根据教育部颁布、2010年实施的中等职业学校《机械制图教学大纲》(多学时)的基本要求，按最新机械制图国家标准修订而成。与金大鹰主编的教材《机械制图(多学时)》第3版配套使用。

本习题集共十一章，分为三个模块：①基础模块——前九章(学生的必修内容和应达到的基本要求)；②选学模块——后两章(供各校根据专业培养的实际需要自主选择)；③综合实践模块——以零部件测绘为主(应在必修、选学内容教学结束后，专用一周时间集中进行)。

本习题集具有如下特点：

1. 突出了对学生看图和画图能力的培养。自投影作图起，即将二者揉在一起，步步相随。尤其为了突破看图难关，从点、直线、平面的投影开始，即以其轴测图为媒介，以识读一面视图为手段，加强投影的可逆性训练，逐步引导学生走上正确的看图之路。进而，通过适时引入的形体分析法和线面分析法及试作层次渐进的习题，力求使学生把握开启画图、看图之门的两把钥匙，使其能力的培养得到强化。

2. 内容丰富。凡教材中的重点内容均有习题相伴，题型多、寓意深、角度新，且具有典型性。除供理解、消化、巩固知识的基本题外，又设计了一些开发智能的趣味题。需要说明的是，看图和画图能力的提高关键在“练”。为此，本习题集中安排的习题较多。但并非要求都做，教师完全可以根据教学情况进行取舍(组合体及其之前的习题应多作些，并多用些学时演练)。此外，习题集中还有一些难度较大的“看图选作题”，并附有答案或立体图，这是为那些学有余力的学生再提高而安排的自学题，它不属于本课程的教学范畴。

3. 为了加强对学生绘制草图能力的训练，习题集中设计了一些网格纸，以引导学生初步掌握徒手画图的技能，但这是远远不够的，只有在教学中不断坚持训练才能奏效。

4. 习题集中的图形准确、清晰、秀美，利于看图、方便画图，可提高学习效果。

本习题集适用于中等专业学校、职业高中、技工学校等各专业多学时的制图教学，也可供其他相近专业使用或参考。

参加本习题集修订工作的有：金大鹰、刘宇、高鹏、刘春兰、李丽、高鑫，由金大鹰担任主编。

由于水平所限，书中的缺点在所难免，敬请广大读者批评指正。

为方便教学，本书随赠有《机械制图电子课件》和《机械制图习题集答案》(PDF版)，凡选用本书作为教材的教师均可登录机械工业出版社教材服务网www.cmpedu.com，注册之后免费下载。

编　者

2010年2月

目 录

1-1　字体综合练习。

螺母铸钢铁钉高低速轴左旋转方案要求销出口度量尺寸画斜线材料

均布与零件截面孔包减速机盖同钻铰刮平长度方主要基准后视测定内外径

0123456789RΦ

abcdefghijklmnopqrstuvwxyz

班级　　姓名　　学号

丁字尺头紧靠图板可上下移动铅笔由左向右称重泵盖体装配后试验

投影面中心孔轴端倒角零件均布垫圈画圆长宽高技术要求相贯级其余加工

0123456789RΦ ABCDEFGHIJKLMNOPQRSTUVWXYZ

班级 姓名 学号

1-3 字体综合练习。

班级 姓名 学号

1-4　图线练习。

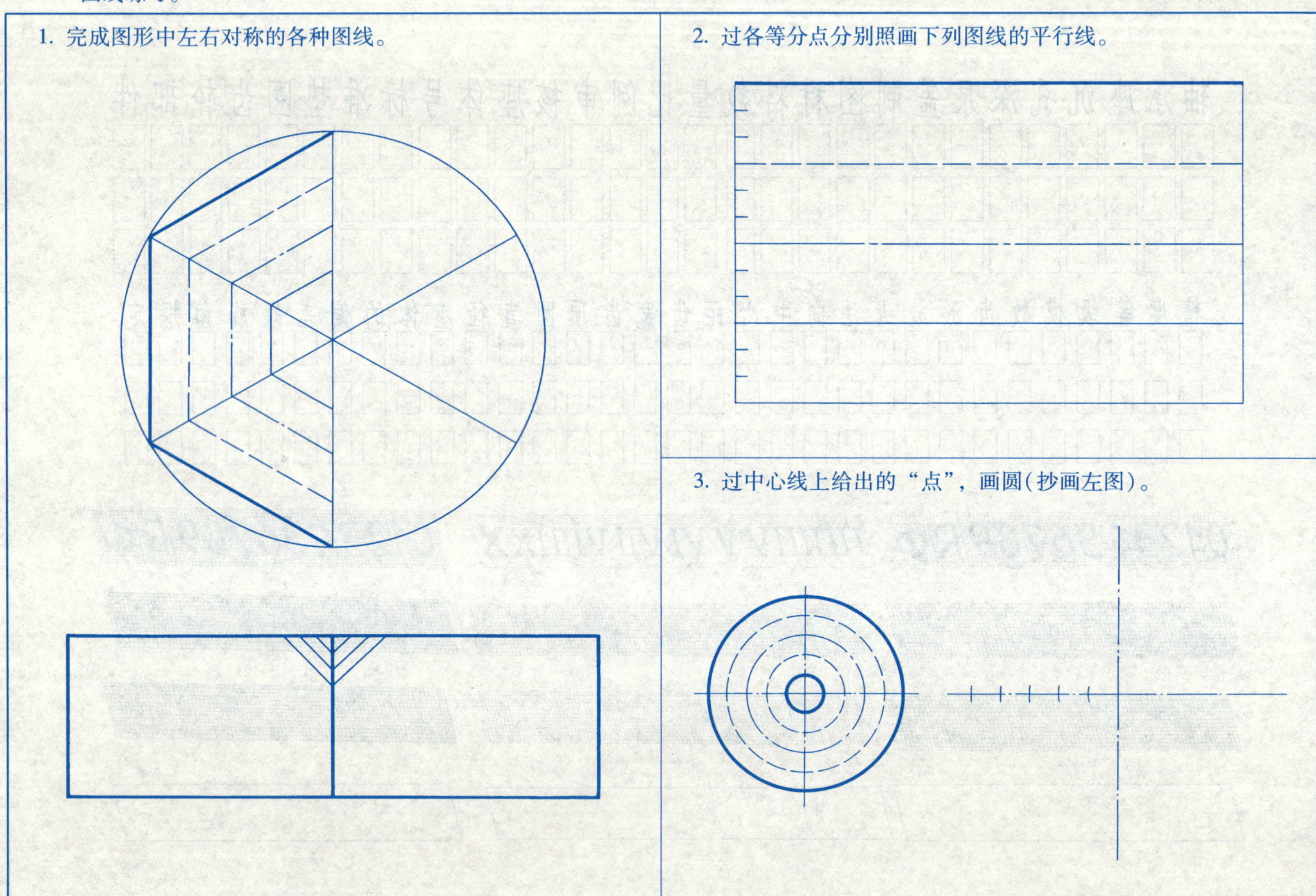

班级　　姓名　　学号

1-5 尺寸注法。

1. 对比阅读下列两图中的尺寸注法，以防止初学者标注尺寸时常犯的错误。

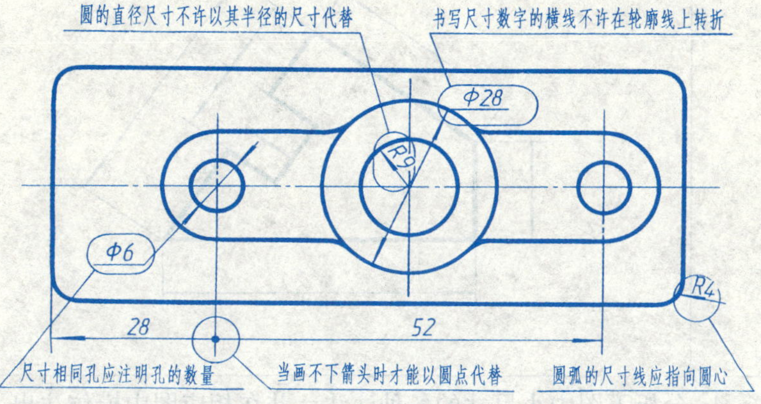

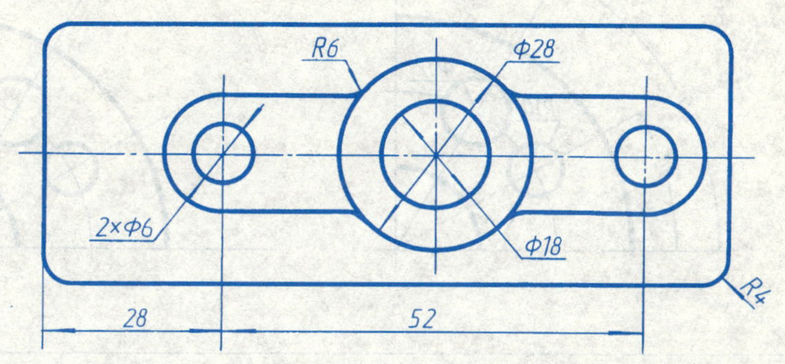

2. 在下图中填写未注的尺寸数字和补画遗漏的箭头，其数字的大小及箭头的形状和大小，以图中注出的数字和箭头为准，尺寸数值按 1:1 的比例从图中量取整数。

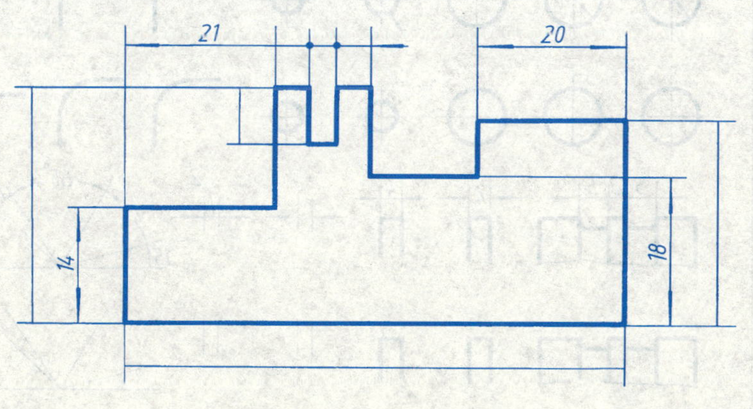

班级　　　　姓名　　　　学号

1. 检查左图尺寸注法的错误，将正确注法注在右图中。

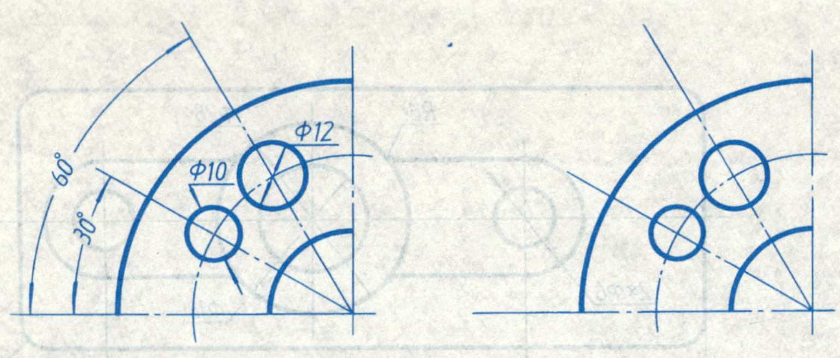

2. 填写尺寸数字（下图是按 1∶2 的比例绘制的）。

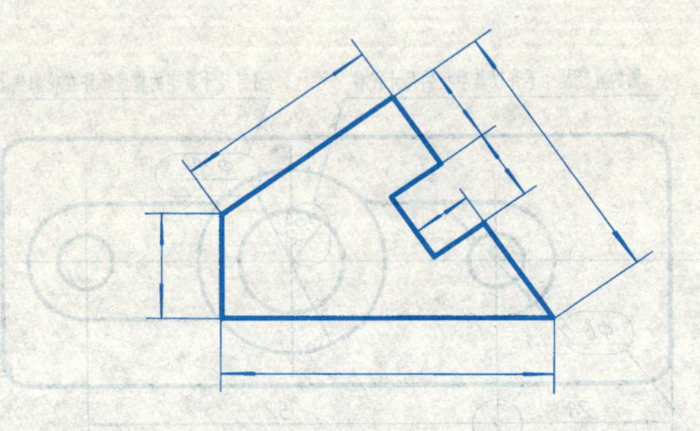

3. 将左图中的尺寸，标注在右图中。

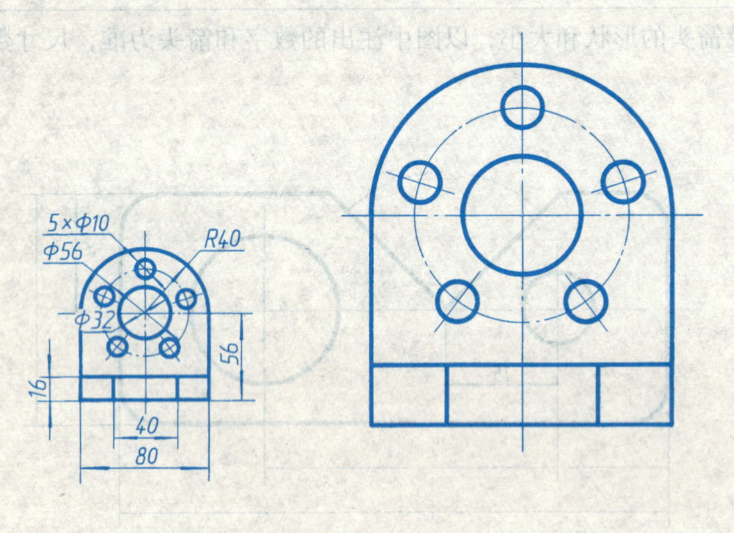

4. 分析下图中小尺寸的各种注法，并在相应图中模仿注出。

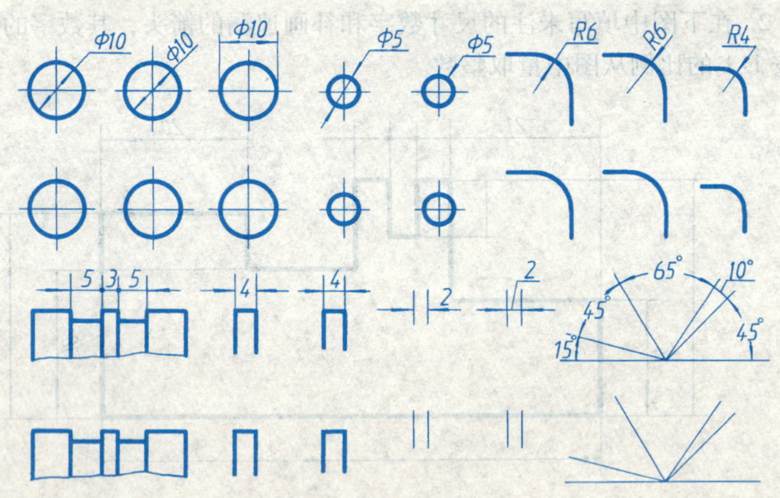

班级　　姓名　　学号

1-7　线型作业。

作业 1　线　　型

（一）作业目的

1. 熟悉主要线型的规格。
2. 掌握图框及标题栏的画法。
3. 练习使用绘图工具。

（二）内容与要求

1. 绘制图框和标题栏。
2. 按图例要求绘制各种图线。
3. 用 A4 图纸，竖放，不注尺寸，比例为 1∶1。

（三）绘图步骤

1. 画底稿（用铅笔）。

（1）画图框。

（2）在右下角画标题栏。

（3）按图例中所注的尺寸，从图纸有效幅面的中心处（标题栏以上图框对角线的交点）开始作图。

（4）校对底稿，擦去多余的图线。

2. 铅笔加深（用 HB 或 B 铅笔）。

（1）画粗实线圆、细虚线圆和细点画线圆。

（2）按上述画线顺序依次画出水平方向和垂直方向的直线。

（3）画左、右两组 45°的斜线，斜线间隔约为 3mm（目测）。

（4）用标准字体填写标题栏。

（四）注意事项

1. 各种图线必须符合国标的规定。粗实线宽度宜采用 0.7mm。
2. 为了保证线型符合标准，细虚线和细点画线的长画与间隔，在画底稿时，就应正确画出。
3. 细点画线的长画与点要一次画出，不要画好长画后再加点。
4. 作图要细致耐心，不要轻易换纸重画。

（五）图例（见右图）

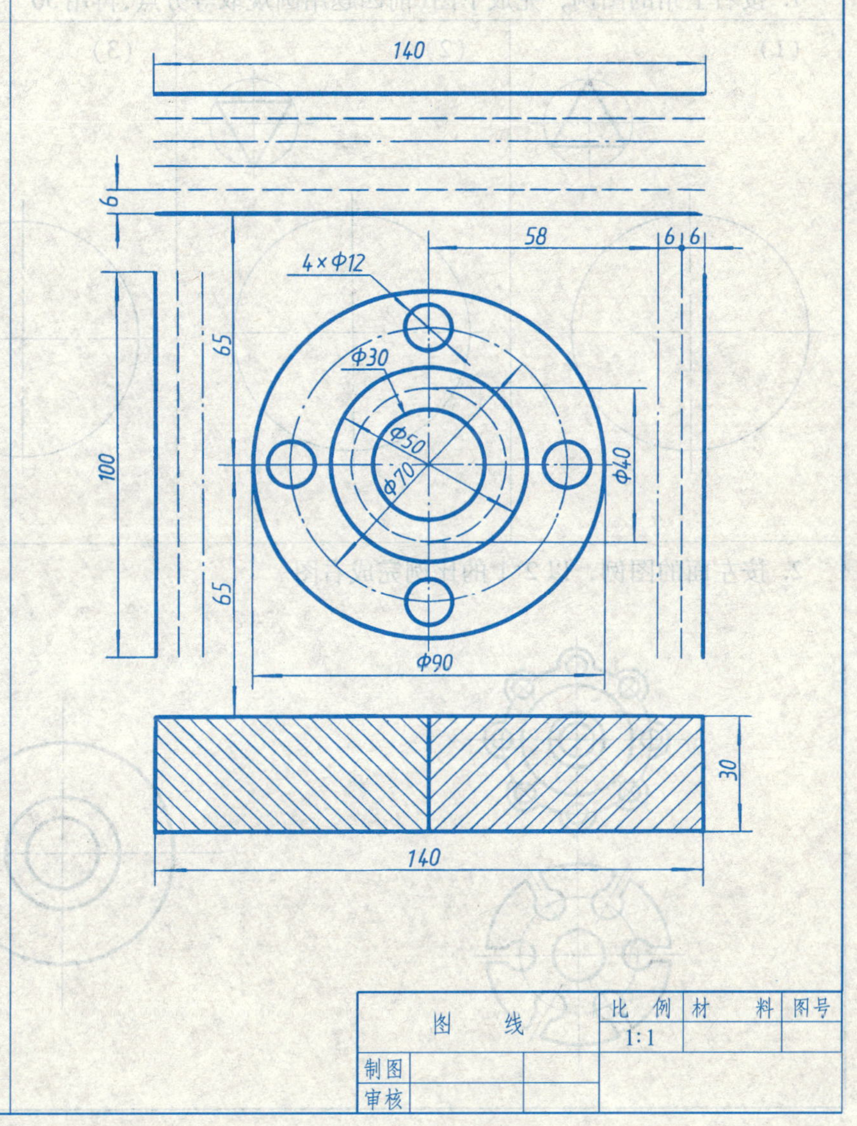

1-8　等分圆周。

1. 按右上角的图例，完成下图（前四题用圆规取等分点，再用 30°～60°三角板验证并作图）。

（1）　（2） 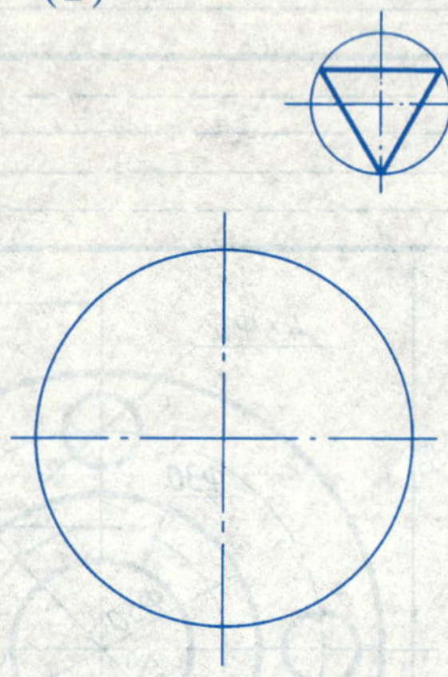　（3） 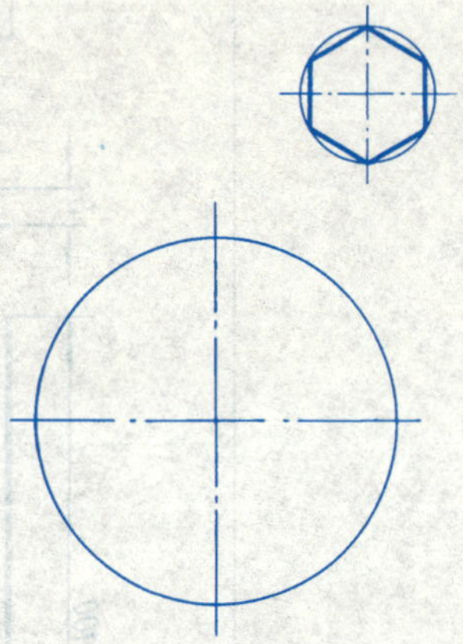　（4） 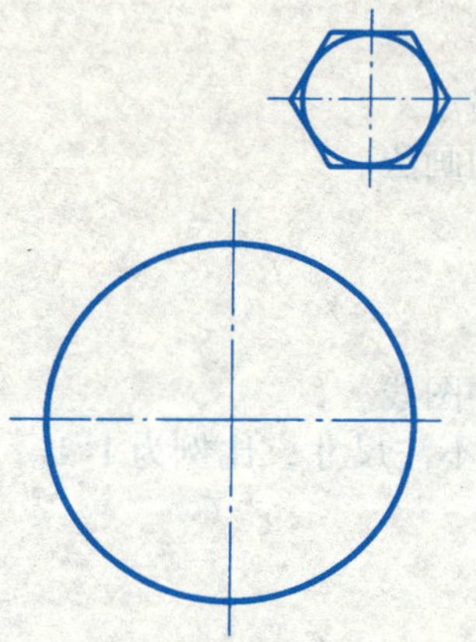　（5）

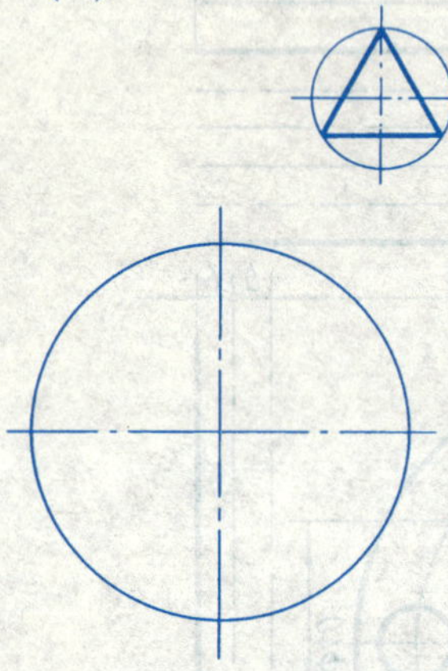

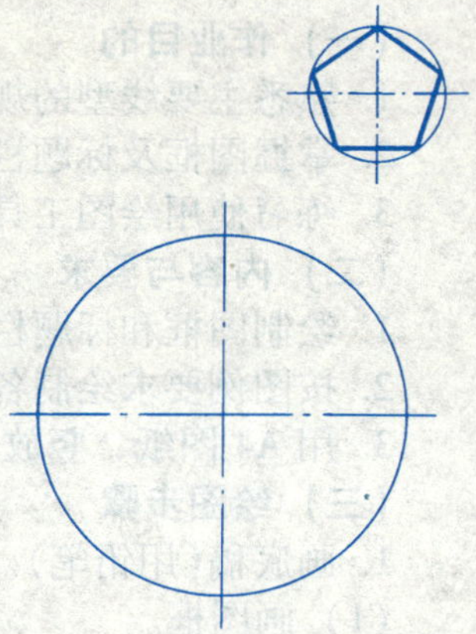

2. 按左面的图例，以 2∶1 的比例完成右图。

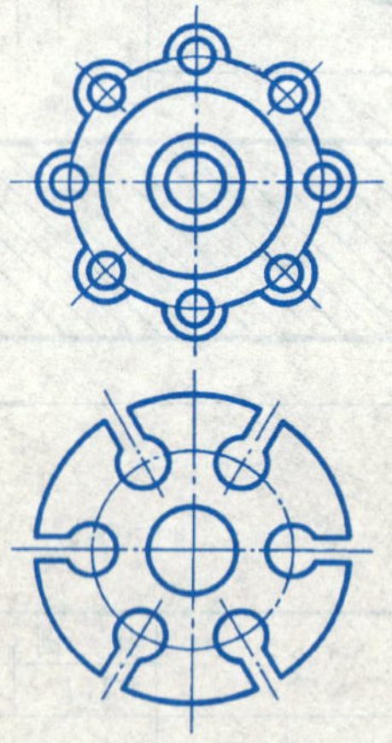

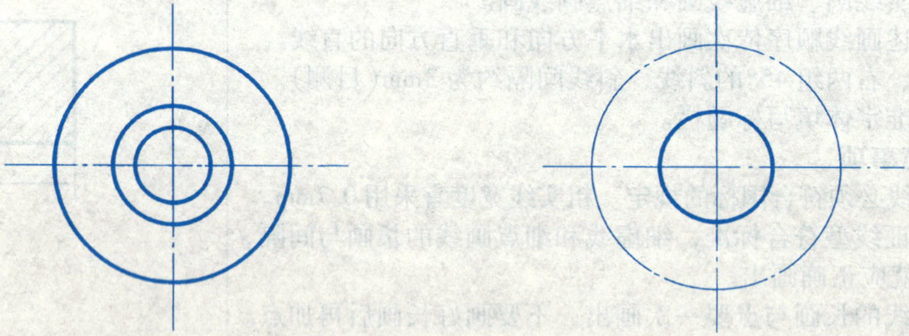

班级　　姓名　　学号

1-9 完成下列图形的线段连接(比例为1:1)，标出连接弧圆心和切点。

1.

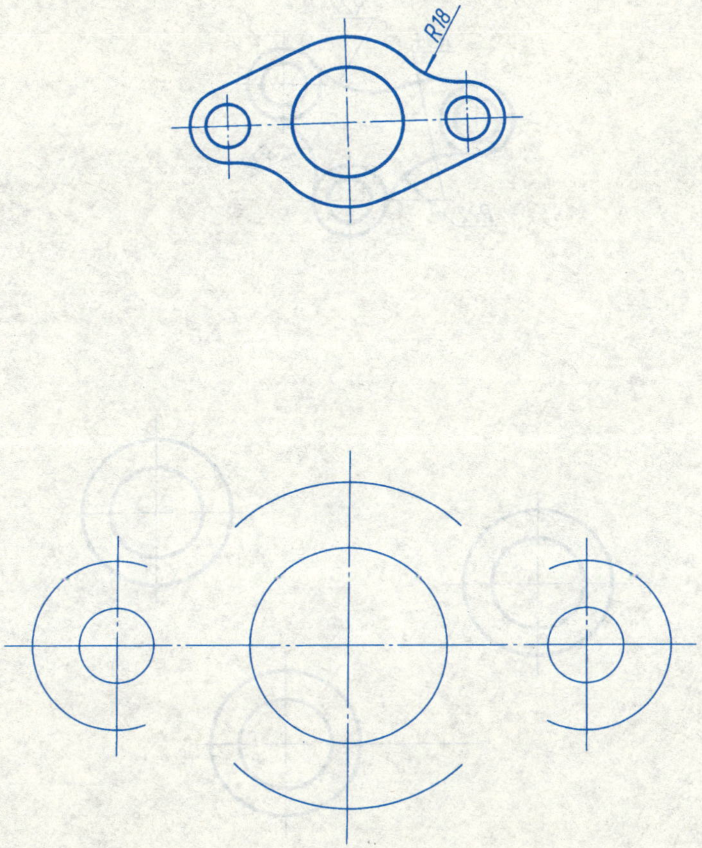

R18

2.

R28

R50

班级 姓名 学号

1-10　完成下列图形的线段连接（比例为 1∶1），标出连接弧圆心和切点。

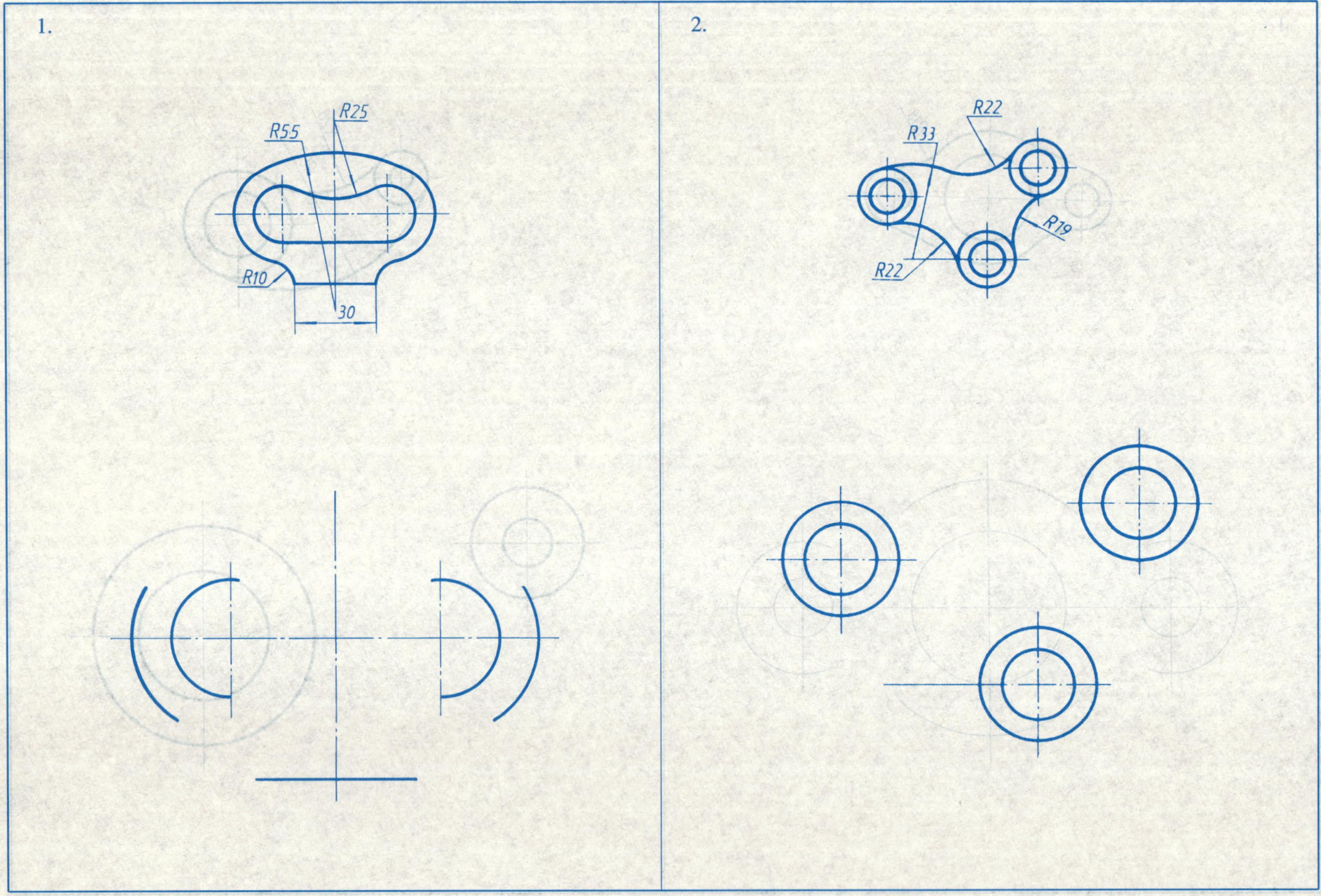

班级　　　　　　　　　　姓名　　　　　　　　　　学号

1-11　1、2 题：抄画图形，并标注斜度、锥度。

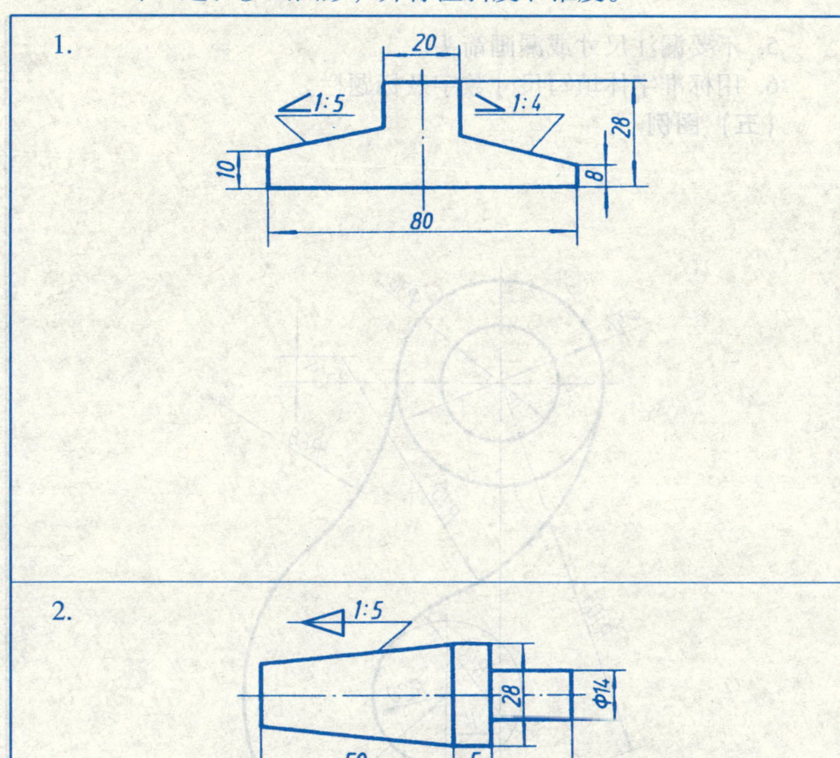

3. 画出长轴为 80mm、短轴为 50mm 的椭圆(用四心近似画法)。

班级　　　　姓名　　　　学号

作业2 平 面 图 形

（一）作业目的

1. 熟悉平面图形的绘制过程及尺寸标注方法。
2. 掌握线型规格及线段连接技巧。

（二）内容与要求

1. 按教师指定的题号绘制平面图形，并标注尺寸。
2. 用A4图纸，自己选定绘图比例及图纸横放或竖放。

（三）作图步骤

1. 分析图形。分析图形中的尺寸作用及线段性质，从而决定作图步骤。
2. 画底稿。

（1）画图框及标题栏。

（2）画出图形的基准线、对称线及圆的中心线等。

（3）按已知线段、中间线段、连接线段的顺序，画出图形。

（4）画出尺寸界线、尺寸线。

3. 检查底稿。
4. 铅笔加深图形。
5. 画箭头、标注尺寸、填写标题栏。
6. 校对及修饰图形。

（四）注意事项

1. 在布置图形时，应考虑标注尺寸的位置。
2. 画底稿时，作图线应轻而准确，并应找出连接弧的圆心及切点。
3. 加深时必须细心，按“先粗后细，先曲后直，先水平后垂直、倾斜”的顺序绘制，应做到同类图线规格一致，线段连接光滑。
4. 箭头应符合规定，并且大小一致。
5. 不要漏注尺寸或漏画箭头。
6. 用标准字体填写尺寸数字及标题栏。

（五）图例

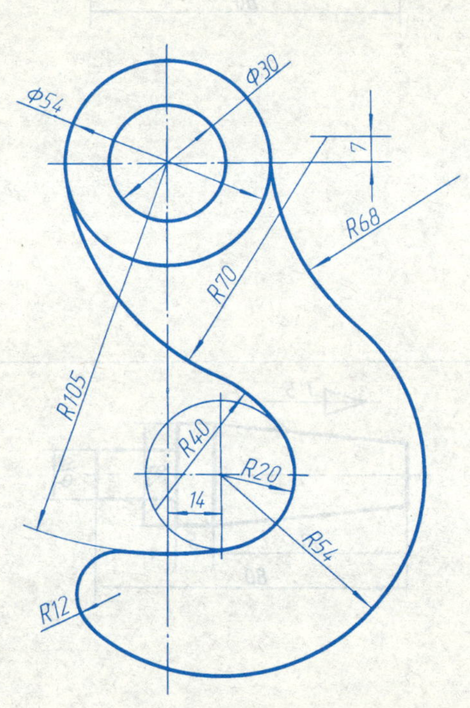

平 面 图 形		比 例	材 料	图号
		1:1		
制图				
审核				

班级　　姓名　　学号

1-13 平面图形作业题。

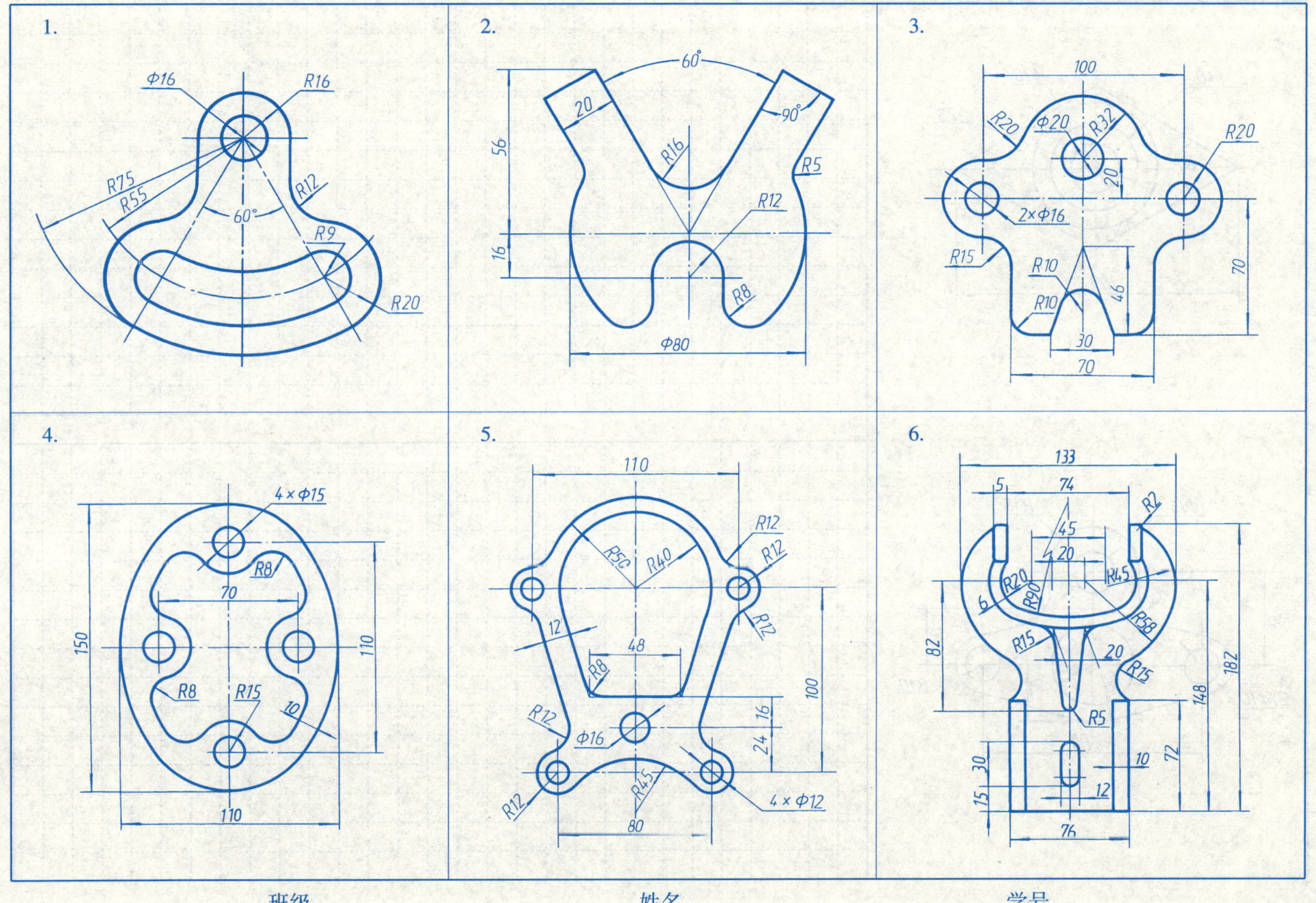

班级 姓名 学号

1-14　徒手画出下列图形(比例 1:1)。

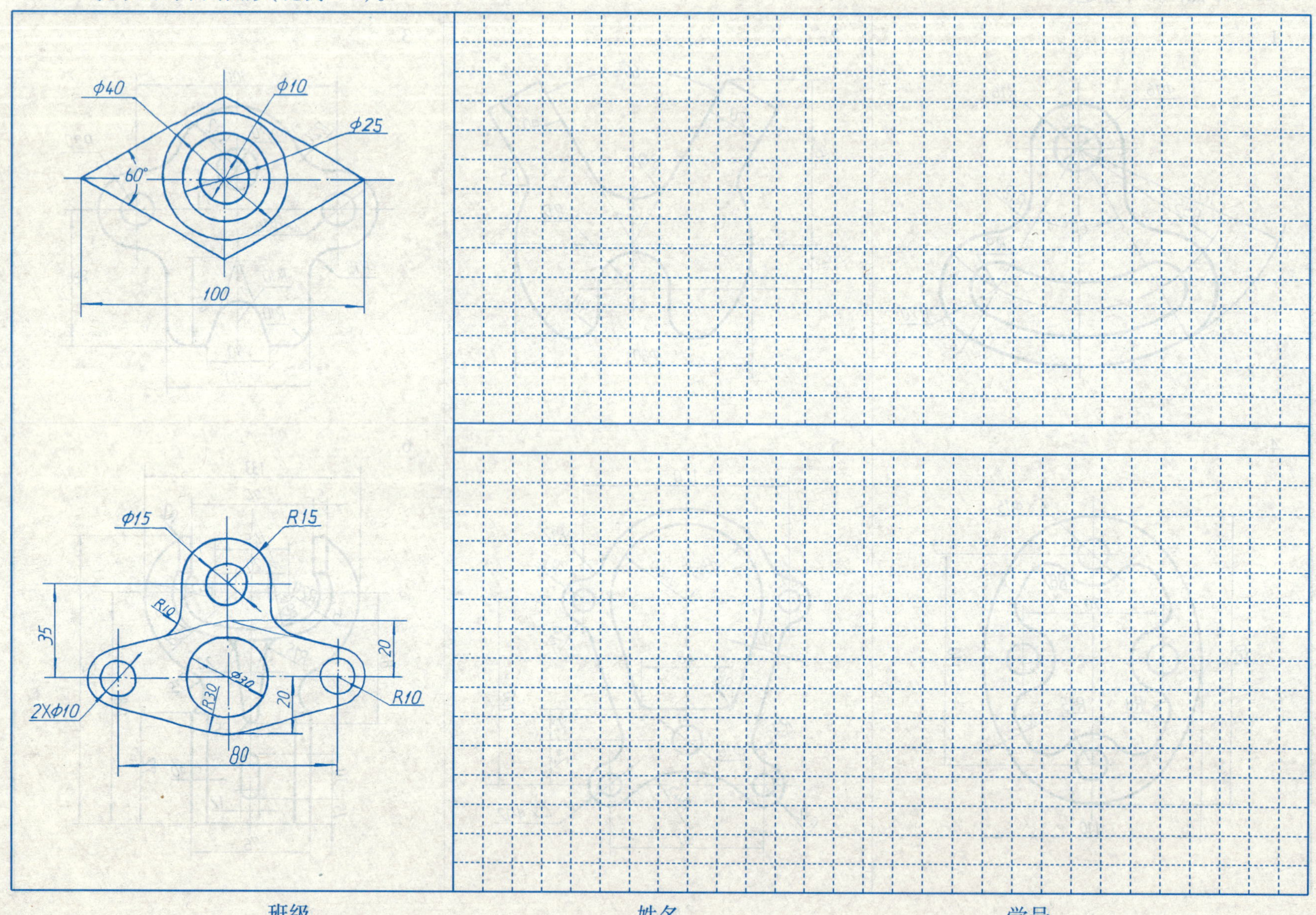

班级　　　　　　　　姓名　　　　　　　　学号

二、投影基础 2-1 分析三视图的形成过程，并填空说明三视图之间的关系。

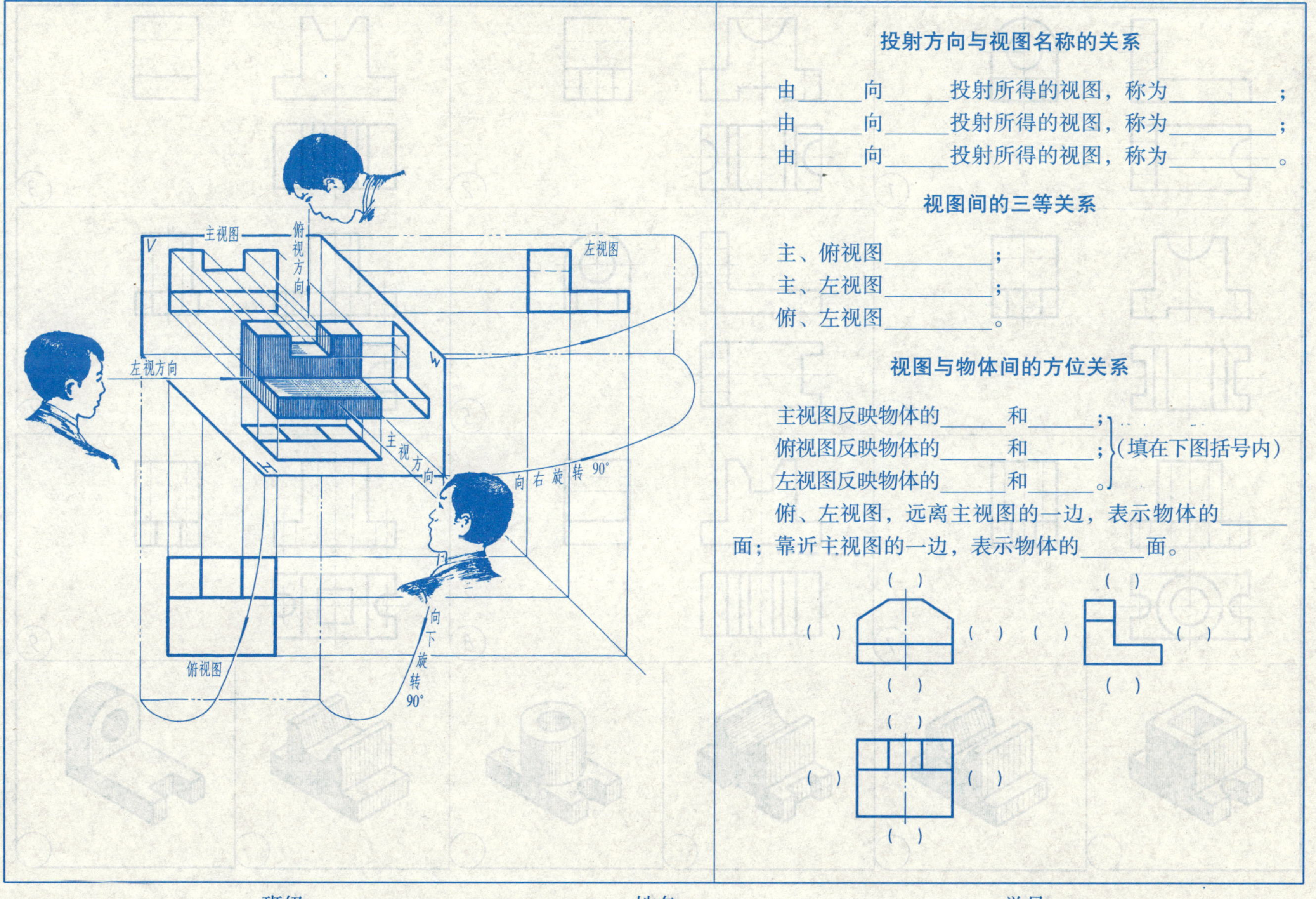

投射方向与视图名称的关系

由______向______投射所得的视图，称为__________；

由______向______投射所得的视图，称为__________；

由______向______投射所得的视图，称为__________。

视图间的三等关系

主、俯视图__________；

主、左视图__________；

俯、左视图__________。

视图与物体间的方位关系

主视图反映物体的______和______；

俯视图反映物体的______和______；（填在下图括号内）

左视图反映物体的______和______。

俯、左视图，远离主视图的一边，表示物体的______面；靠近主视图的一边，表示物体的______面。

2-2　分析下列三视图，辨认其相应的轴测图，并在圆圈内填上相应三视图的编号。

班级　　　　　　　　　　　　姓名　　　　　　　　　　　　学号

2-3 将轴测图上表示投射方向的箭头，注上“主视”、“俯视”或“左视”，然后参照轴测图补画视图中所缺的图线。

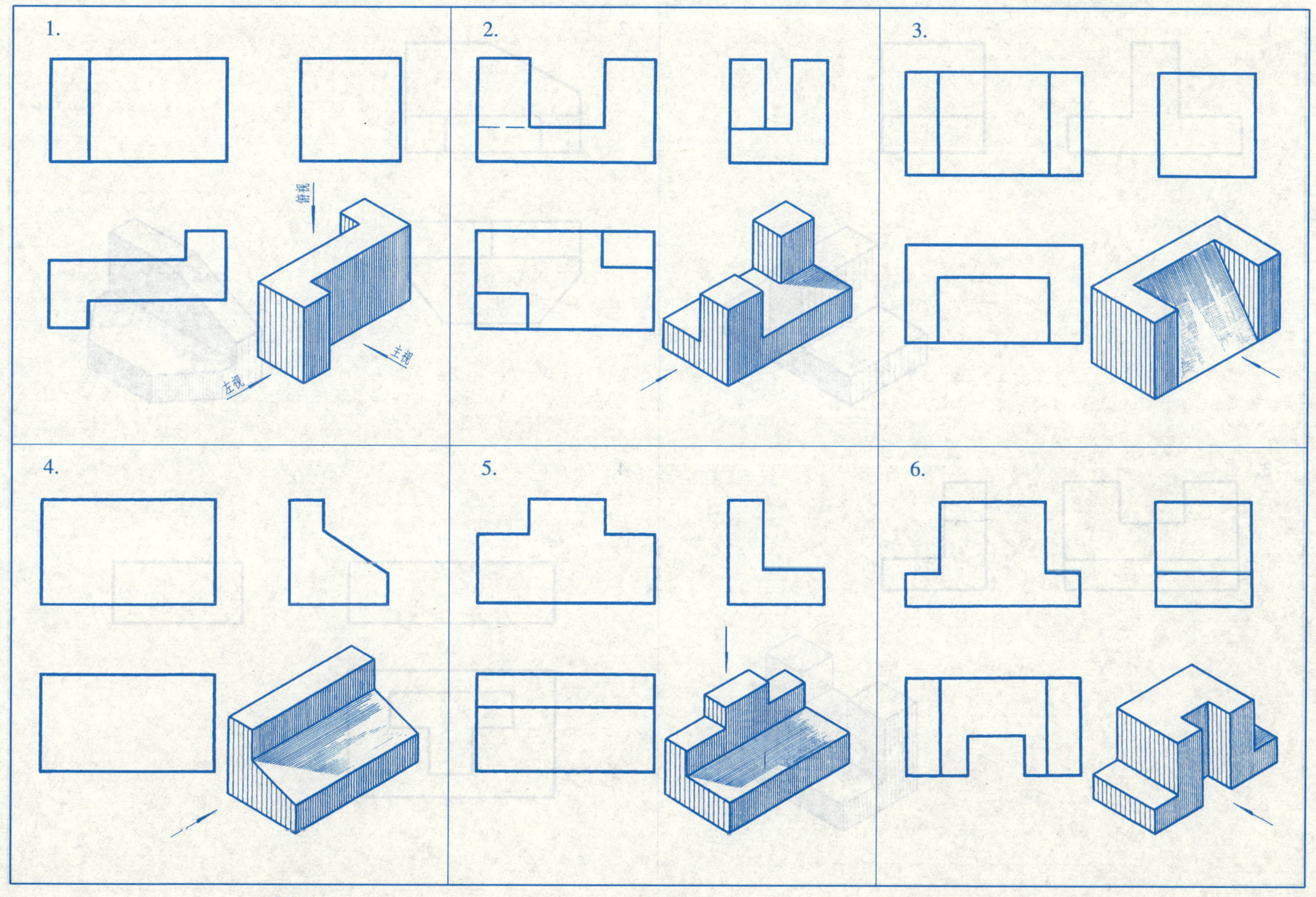

班级 姓名 学号

2-4　第1、2、3题：根据两视图，参照轴测图补画所缺的第三视图；第4题：根据俯视图，完成主、左视图(形状自定)。

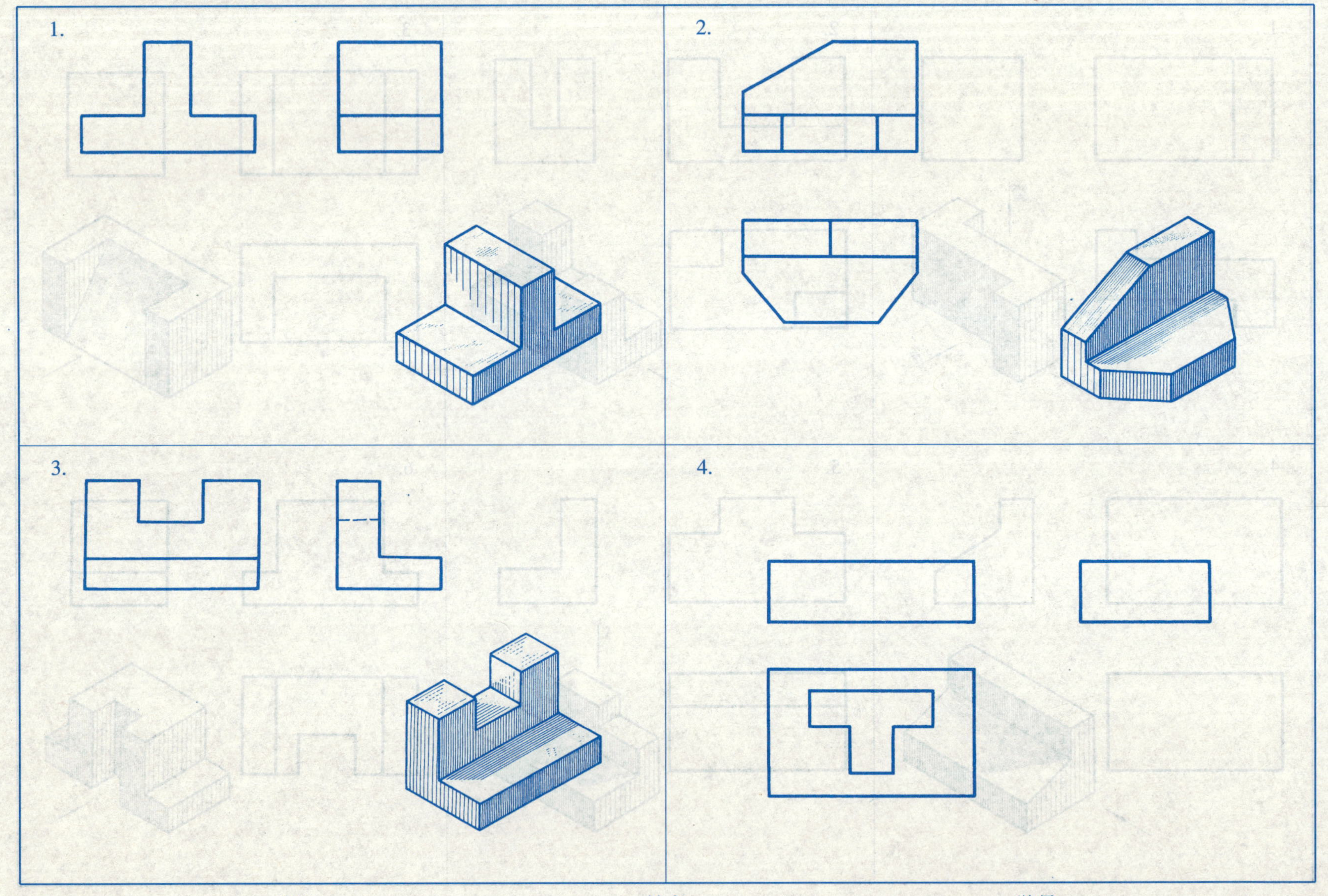

班级　　　　　　　　　　姓名　　　　　　　　　　学号

2-5　根据轴测图辨认其主视图，并补画俯、左视图（宽度根据轴测图上注的尺寸，按 1:1 作图）。

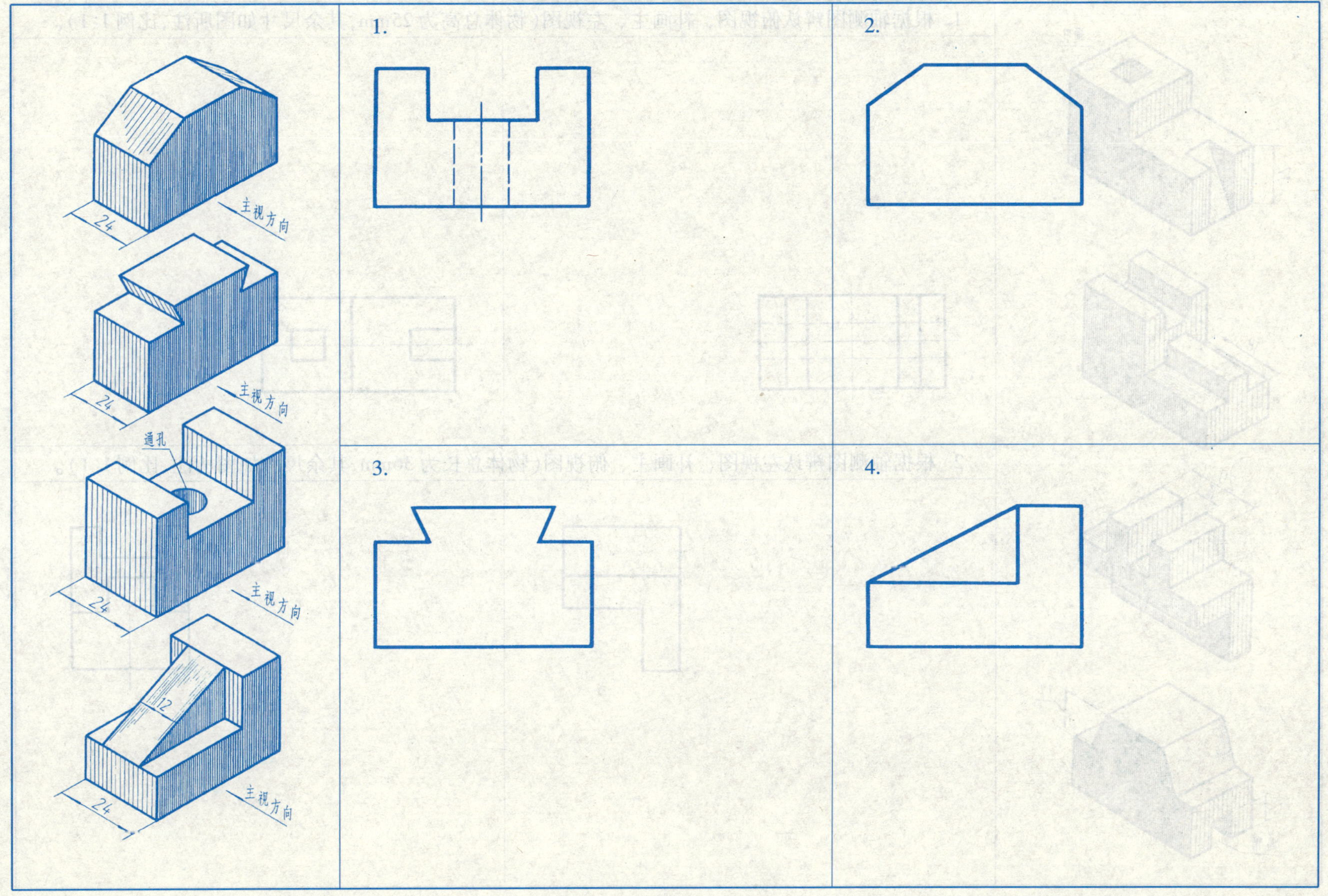

班级　　　　　　　　　　　　姓名　　　　　　　　　　　　学号

2-6　补画视图。

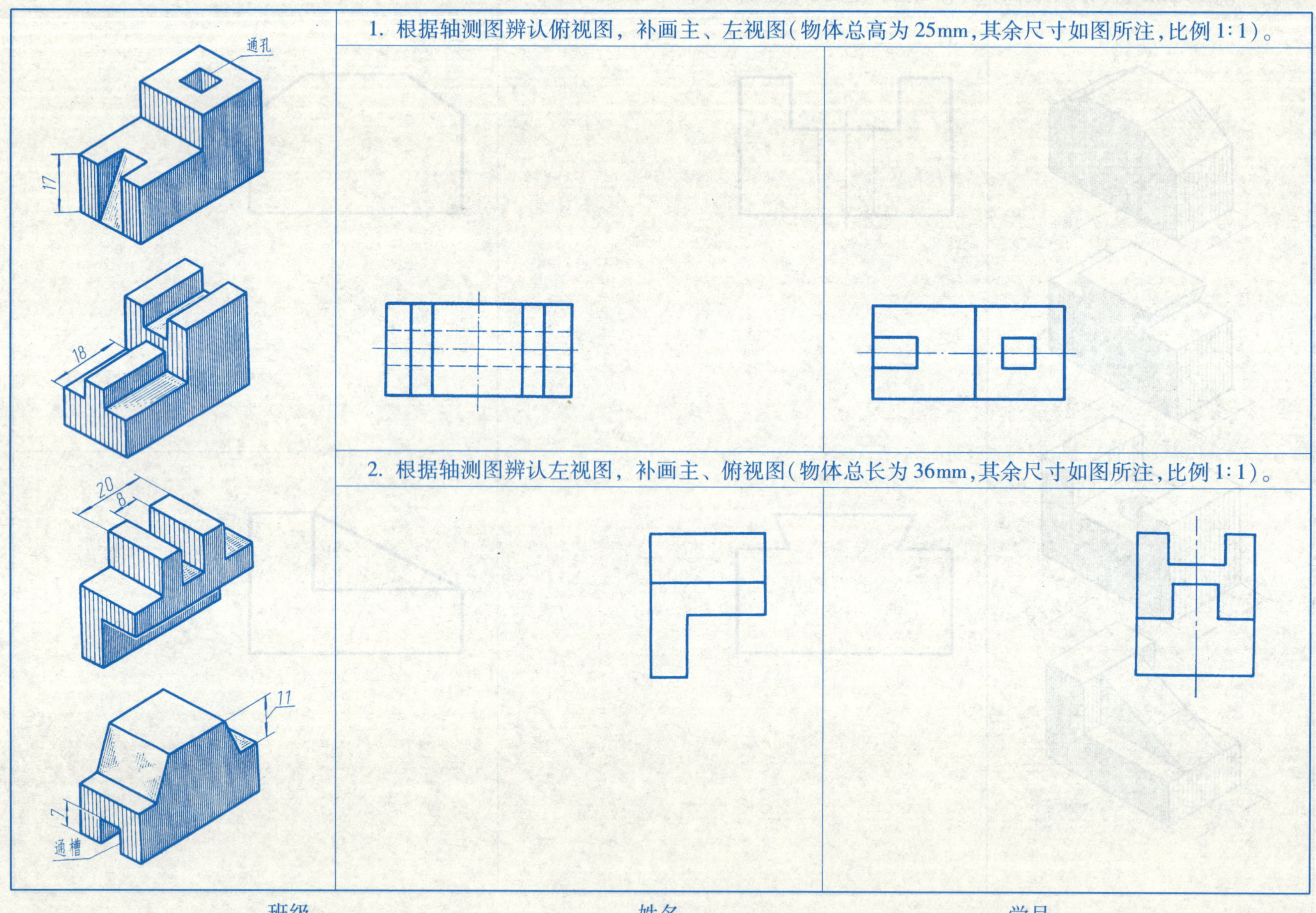

班级　　　　姓名　　　　学号

2-7 三视图作业。

作业3 三 视 图

（一）内容

根据模型(或轴测图)画三视图。

（二）目的

1. 初步掌握根据模型画三视图的方法。
2. 掌握三视图之间的对应关系。
3. 进一步掌握制图工具和用品的使用方法。

（三）要求

1. 用A3图纸，横放，每张纸画六个模型的三视图。
2. 画出投影轴和全部投影连线(如右图所示)。
3. 绘图比例自定。

（四）作图步骤

1. 先用细实线将图纸的有效作图面积均匀分成六格。布图时，三视图之间的距离应适当，六组三视图的总体布局也应协调、匀称。

2. 主视图的选择，应能明显地表现模型的形状特征。一般常以模型的最大尺寸作为长度方向的尺寸。在决定主视图投射方向时，还应考虑到各个视图中的细虚线越少越好。

3. 作图时，首先画出投影轴，其次画外形轮廓线，再按顺序画内部轮廓线，画好底稿。

4. 底稿完成后，经检查、修正，再按线型的规格描深。

（五）注意事项

1. 三视图应按规定的位置配置，且符合“长对正、高平齐、宽相等”的关系。
2. 度量模型尺寸所得的小数，画图时要化为整数。
3. 应注意细虚线与其他线相交处的画法。

（六）图例

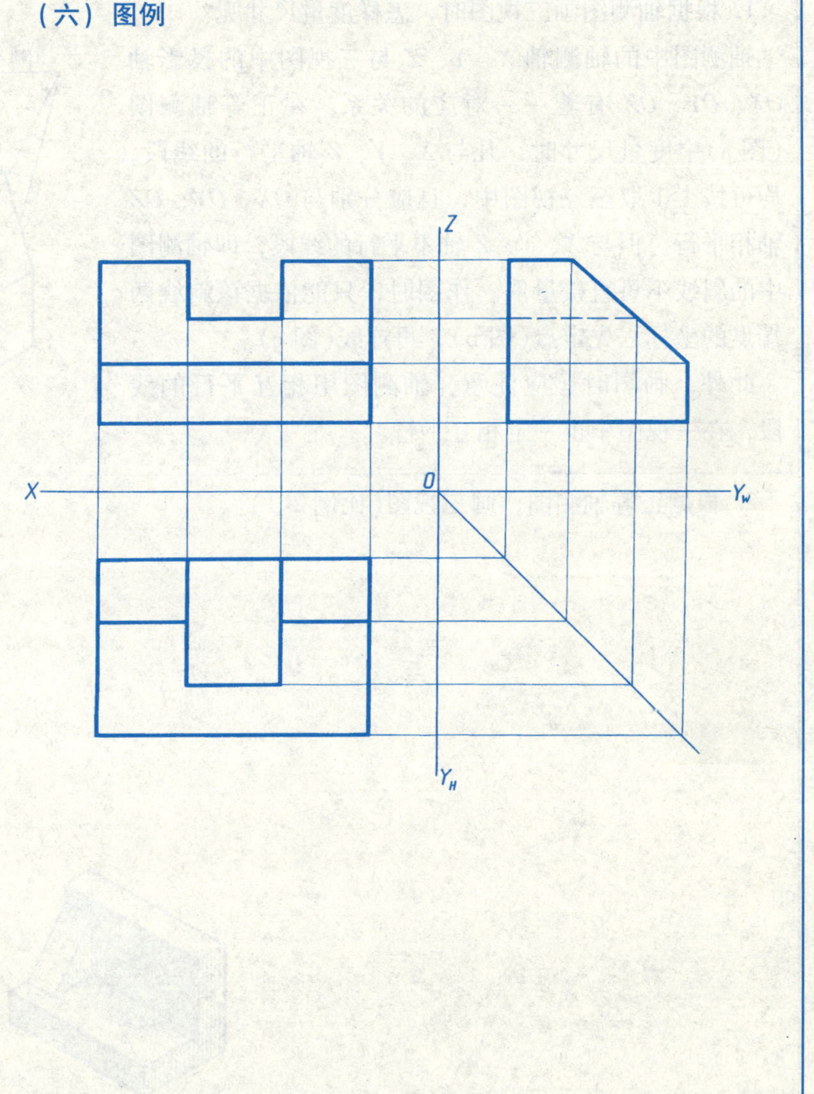

班级　　　　姓名　　　　学号

2-8　在轴测图中量取尺寸的方法及根据轴测图画三视图

1. 根据轴测图画三视图时，怎样度量尺寸呢？

轴测图中的轴测轴 X、Y、Z 与三视图中的投影轴 OX、OY、OZ 有着一一对应的关系。在正等轴测图（图 a）中度量尺寸时，凡与 X、Y、Z 轴平行的线段，均可按 1∶1 取至三视图中，且应分别与 OX、OY、OZ 轴相平行。但与 X、Y、Z 轴不平行的线段，即轴测图中的斜线不可直接量取。作图时，只能依据该斜线两端点的坐标，先定点（图 b），再连线（图 c）。

此外，画图时还应注意，轴测图中相互平行的线段，在三视图中也一定相互平行。

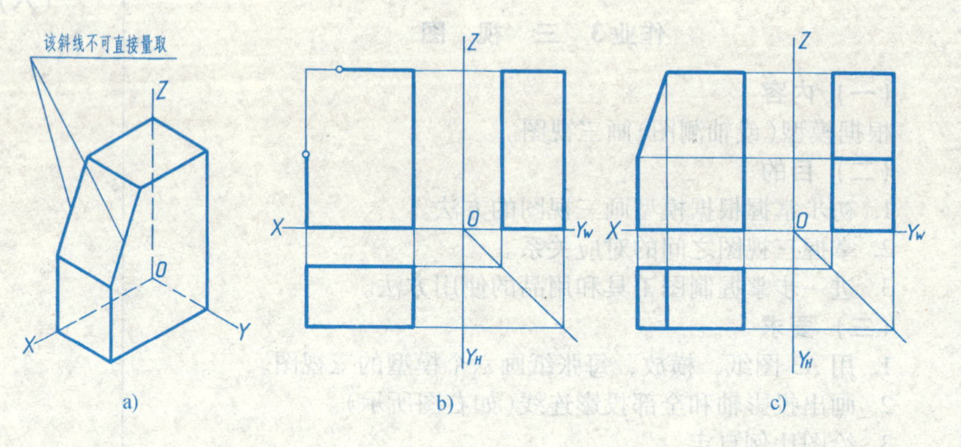

2. 根据正等轴测图，画三视图（比例 2∶1）。

3. 根据正等轴测图，画三视图（比例 2∶1）。

班级　　　　　　姓名　　　　　　学号

2-9　根据轴测图画三视图作业题。

班级　　　　　　　　姓名　　　　　　　　学号

2-10 依据 2-9 题，徒手绘制三视图（在左上角写上相应轴测图的编号）。

班级　　　　姓名　　　　学号

2-11　续前页。

班级　　　　姓名　　　　学号

2-12　点的投影。

1. 完成点 A 的轴测图(图 1)；根据图 1 求作点 A 的三面投影图(图 2)；再根据图 2 求作点 A 的轴测图(图 3)(X、Y 值均增大一倍，Z 值不变)，注全各图中的投影符号，并写出点 A 的坐标。

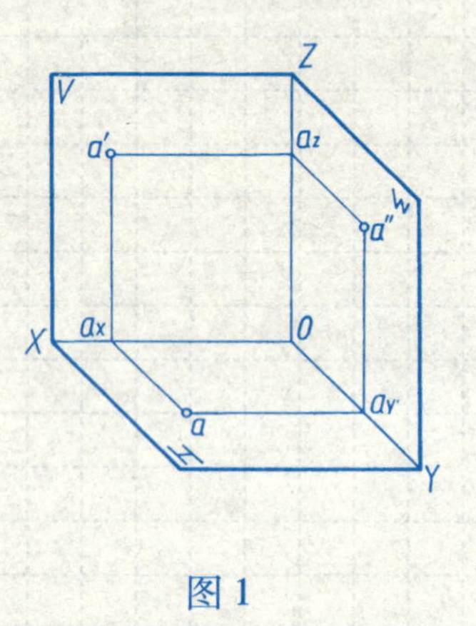

图 1

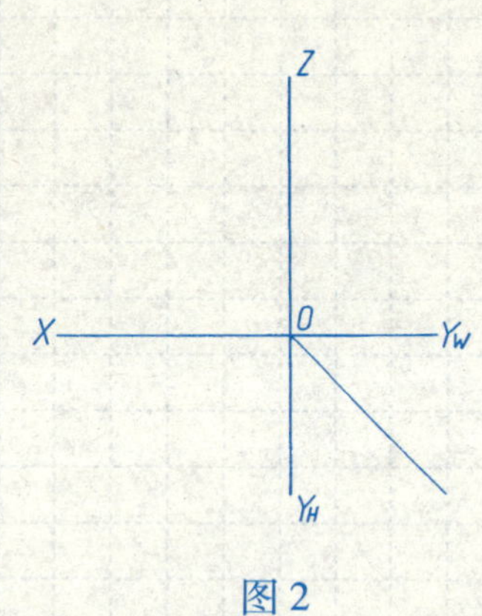

图 2

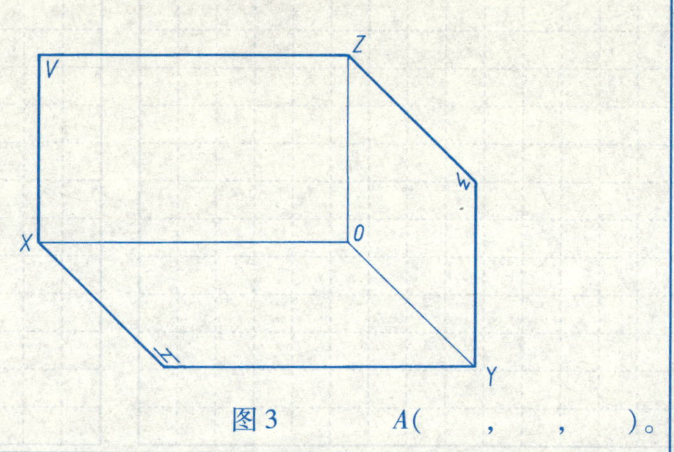

图 3　　　A(　　,　　,　　)。

2. 分别画出各四棱锥锥顶的投影连线，补全投影的标号，再比较锥顶点 Ⅰ、Ⅱ 的相对位置。

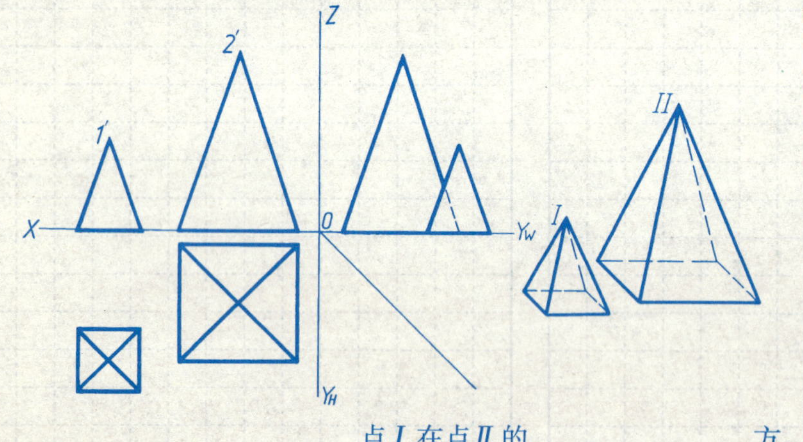

点 Ⅰ 在点 Ⅱ 的____、____、____方。

3. 已知点 A、点 B 的一面投影，又知点 A 距 H 面 20mm，点 B 在 V 面上，求作点 A、点 B 的另两面投影。

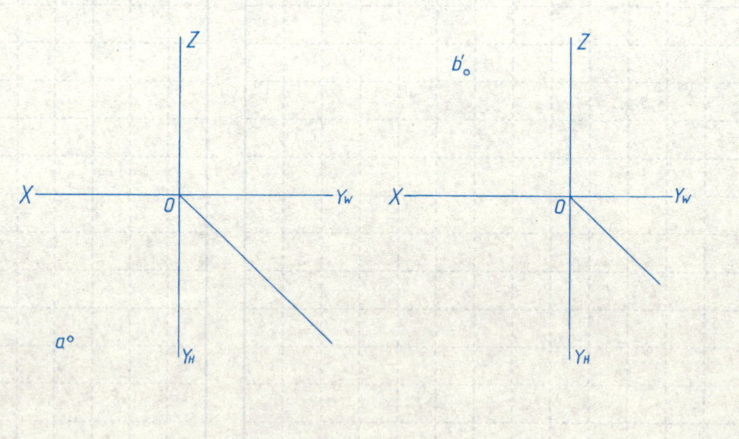

班级　　　　姓名　　　　学号

2-13　点的投影。

1. 已知正六棱锥的三视图，试量出锥顶点 S 的坐标值（取整数），并写出该点到各投影面的距离。

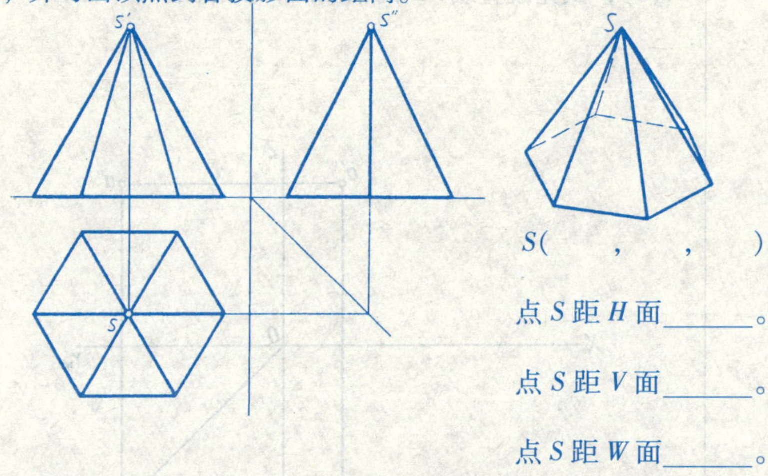

S(　　，　　，　　)

点 S 距 H 面______。

点 S 距 V 面______。

点 S 距 W 面______。

2. 在正五棱台的主、左视图和轴测图上，注出俯视图中标注的相应字母，并比较两点的相对位置。

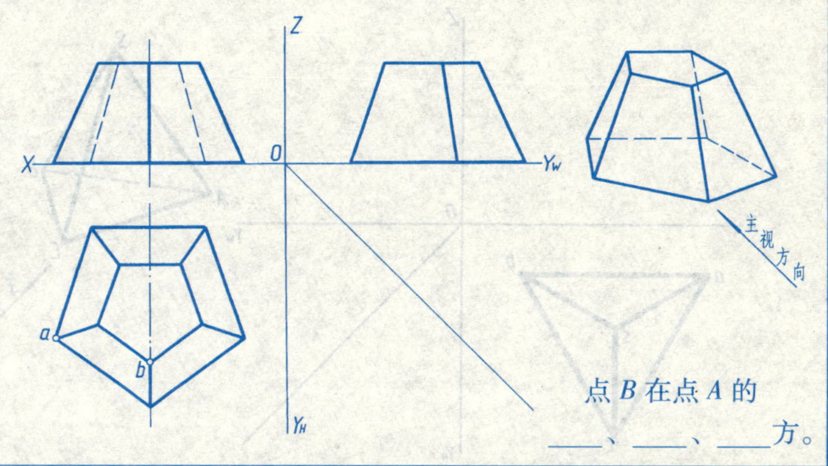

点 B 在点 A 的____、____、____方。

3. 已知点 E 在 W 面上，点 F 在 H 面上。在轴测图上标出 e、e'、e''，及 f、f'、f''；根据给出的二面投影，求 e 及 f''，并写出两点的坐标。

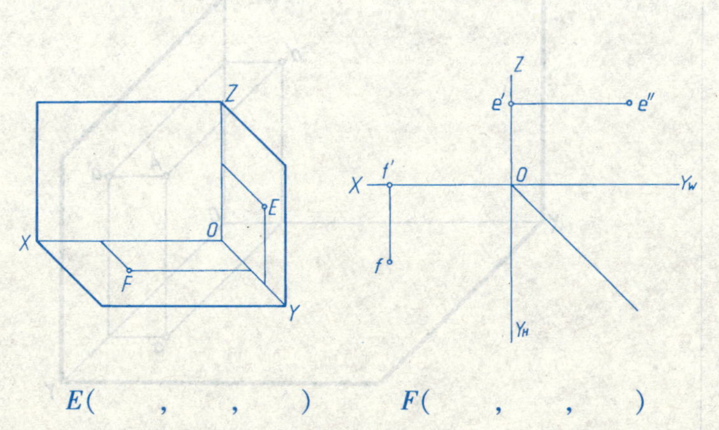

E(　　，　　，　　)　　F(　　，　　，　　)

4. 填空。

(1) 若点 A 的 X、Y、Z 坐标均小于点 B 的 X、Y、Z 坐标，则点 B 在点 A 的____、____、____方。

(2) 已知点 A(30,10,20)，则点 A 距 V 面为______，距 H 面为______，距 W 面为______。（以 mm 为单位）

(3) 当点有一个坐标为 0 时，则该点一定在某一______上。如：点 A 的____坐标为 0，则点 A 一定在____投影面上。

(4) 当点有两个坐标为 0 时，则该点一定在某一______上。如：点 A 的 X、Z 坐标为 0，则点 A 一定在____轴上。

班级　　　　　　　　姓名　　　　　　　　学号

2-14 点的投影。

1. 已知正三棱锥的俯视图，又知锥顶 S 距 H 面 24mm，锥底位于 H 面上，试补画主、左视图。

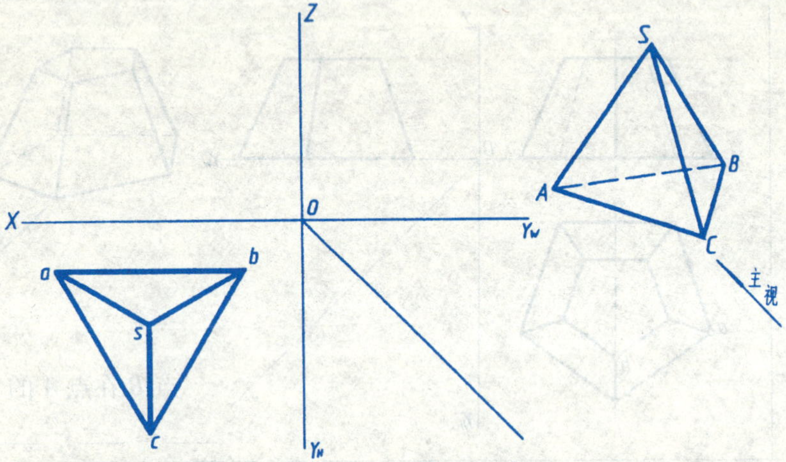

2. 在三视图中，标出 A、B、C 三点的三面投影。

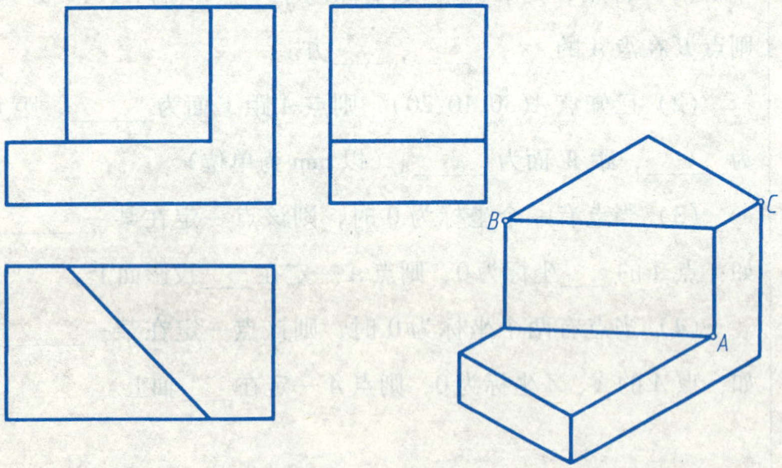

3. 已知点 A 的空间位置和投影图，以及点 B 的坐标(35，14，6)，试完成直线 AB 的轴测图和投影图。(单位：mm)

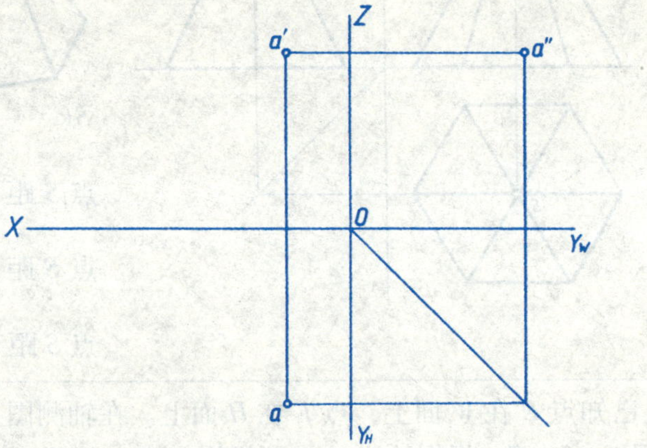

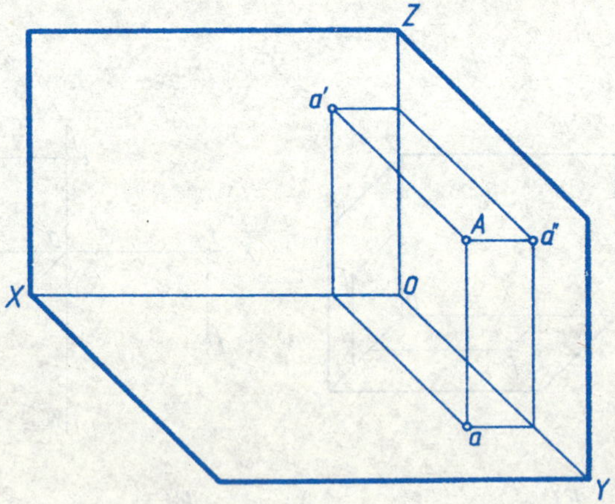

班级　　　　姓名　　　　学号

2-15 直线的投影(做题后,将各投影图加以综合分析,总结出投影面垂直线、投影面平行线和一般位置直线的投影特性)。

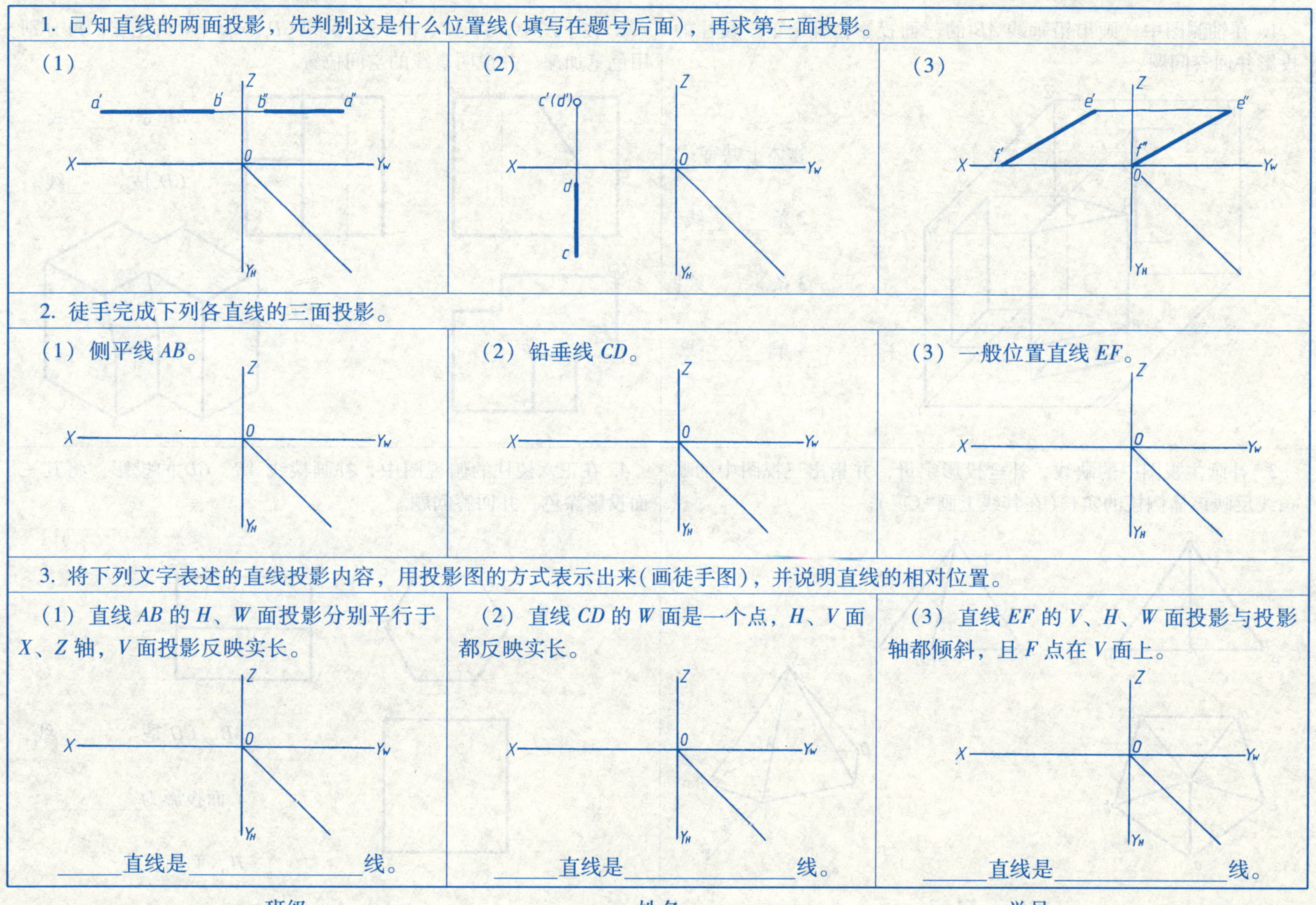

班级　　　　姓名　　　　学号

2-16 直线的投影。

1. 在轴测图中，画出铅垂线 *AB* 的三面投影，补全正三棱柱的投影并回答问题。

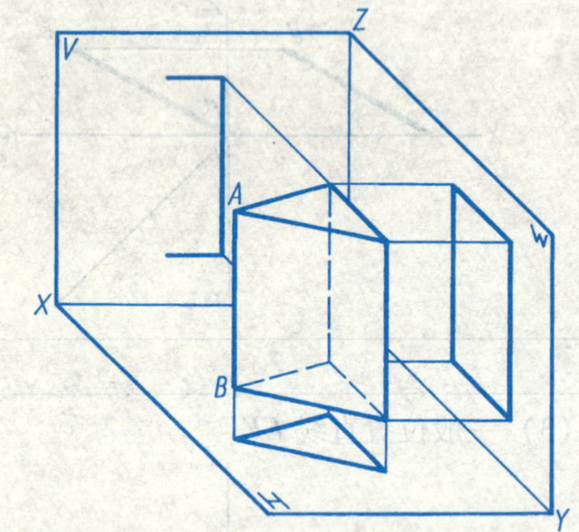

物体上共有：

2 条______线。

3 条______线。

4 条______线。

2. 在下图中，将 *AB*、*a′b′*、*a″b″*和 *CD*、*c′d′*、*c″d″*注全，再分别用色笔加深，并说明直线的空间位置。

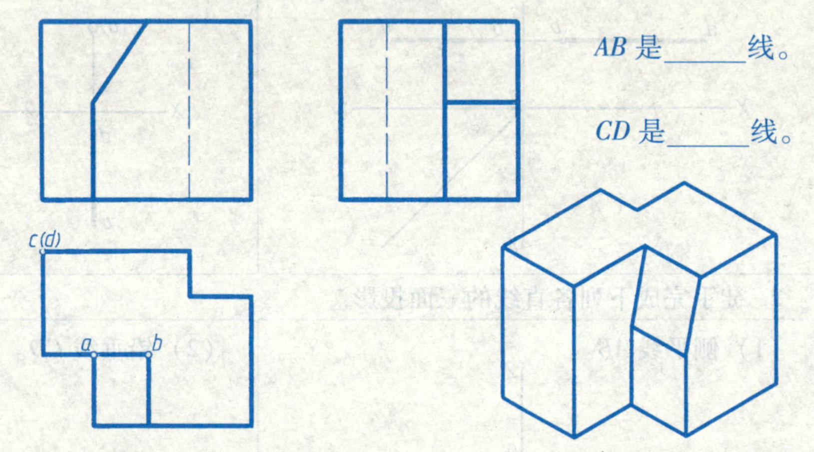

AB 是______线。

CD 是______线。

3. 补画主视图中的缺线，补全投影字母，并指出三视图中的哪条线反映该体侧棱的实长（在其线上画“○”）。

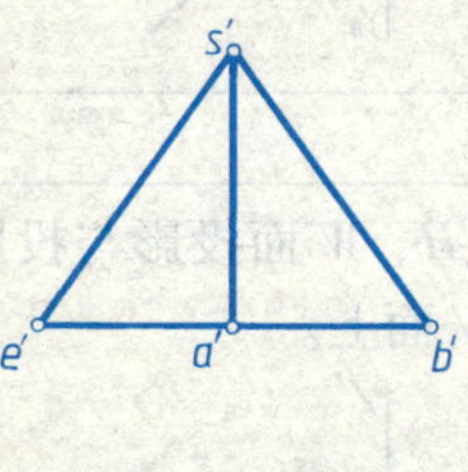

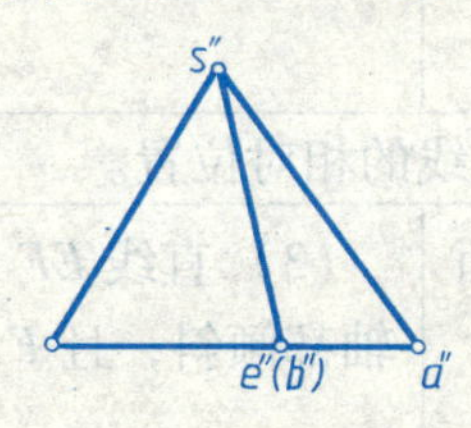

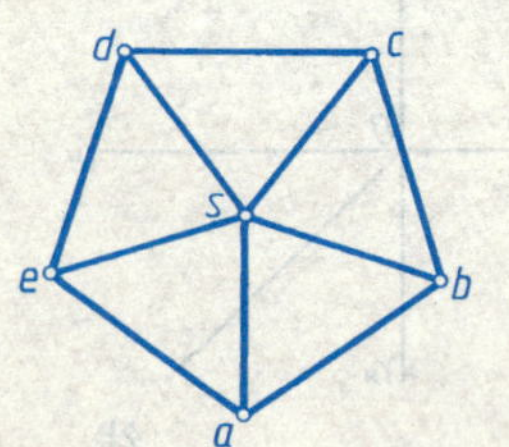

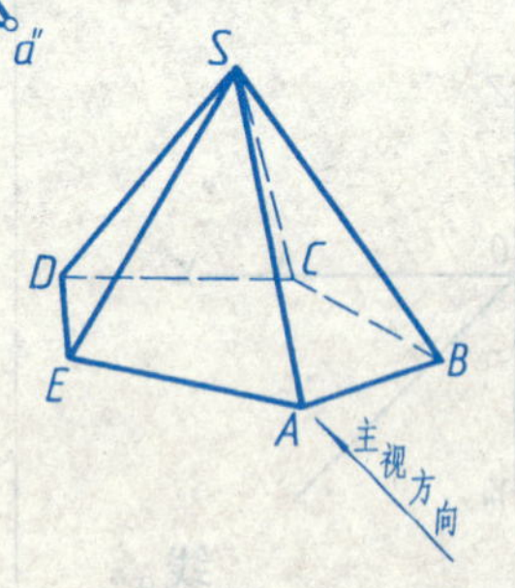

4. 在正六棱柱的俯视图中，补画棱线 *AB*、*CD* 的投影，将其三面投影涂色，并回答问题。

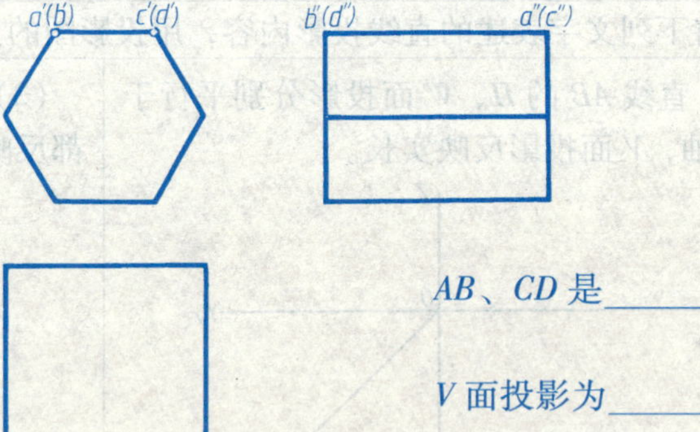

AB、*CD* 是________线，

V 面投影为________，

H、*W* 面反映________。

班级　　　　姓名　　　　学号

2-17 直线的投影。

1. 试作图判别点 M 是否属于棱锥的棱线 SA？又已知点 N 属于棱线 SA，试根据 n 求作 n'、n''。

答：点 M(在、不在) SA 线上。

2. 已知 Ⅰ、Ⅱ、Ⅲ 三点分别在三棱锥的 SA、SB、SC 棱线上，求此三点的水平投影及侧面投影，然后将它们的同面投影用直线连接起来，并判别 ⅠA、ⅡB、ⅢC 直线的空间位置。

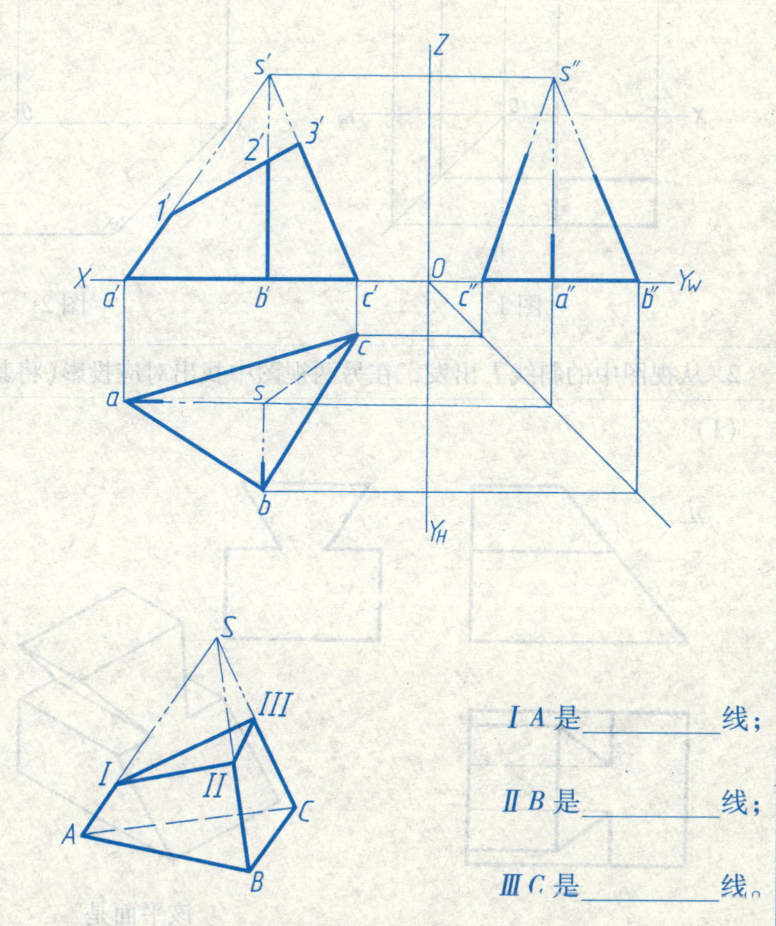

ⅠA 是________线；

ⅡB 是________线；

ⅢC 是________线。

班级　　　　姓名　　　　学号

2-18 平面的投影。

1. 将图 1、图 3 所示平面的轴测图画在图 2 中，然后将两平面的上、下对应点用粗实线连接起来，擦去被遮挡的图线，最后将图 2 所示形体的三视图，画在图 3 中，并回答问题。

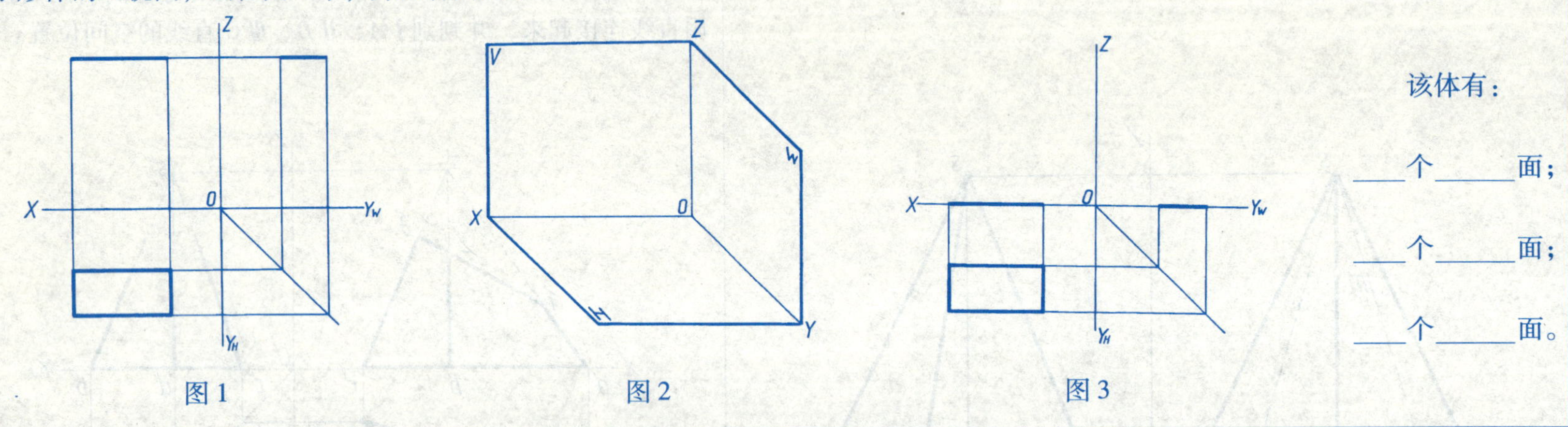

图 1　　图 2　　图 3

该体有：

____个______面；

____个______面；

____个______面。

2. 从视图中的斜线 *I* 出发，在另两视图中找出对应投影（将其三面投影和轴测图中的相应表面涂色），并说明其空间位置。

（1）　　（2）

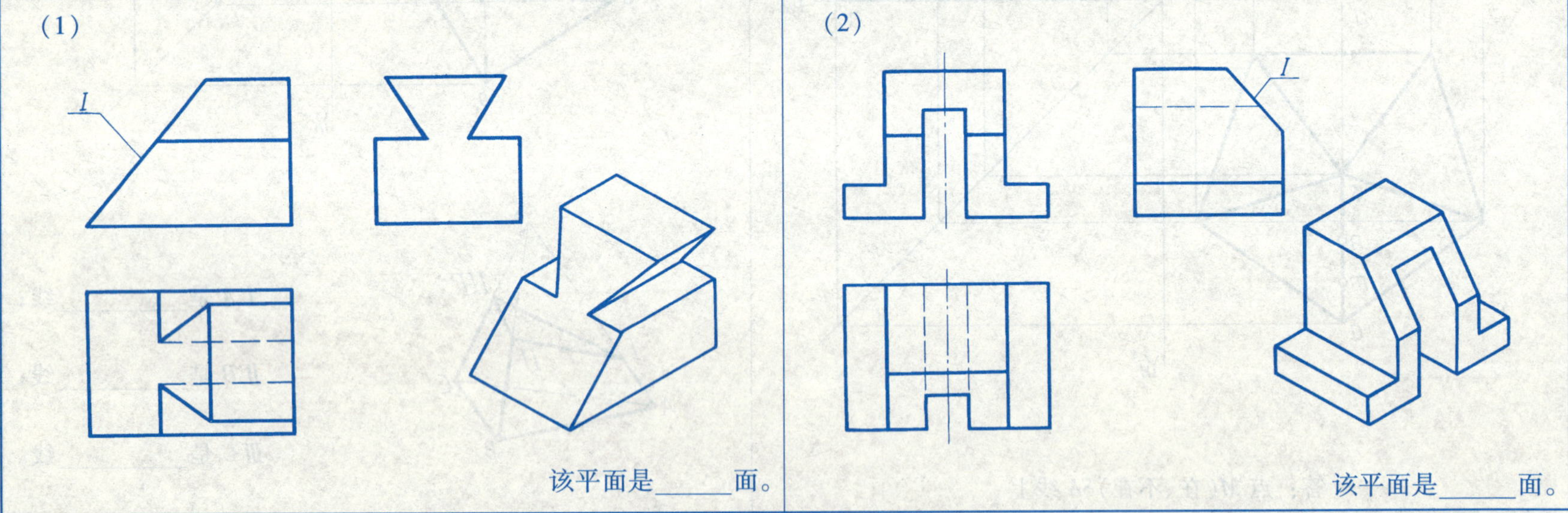

该平面是______面。　　该平面是______面。

班级　　姓名　　学号

2-19 平面的投影(根据完整的两视图,完成另一视图)。

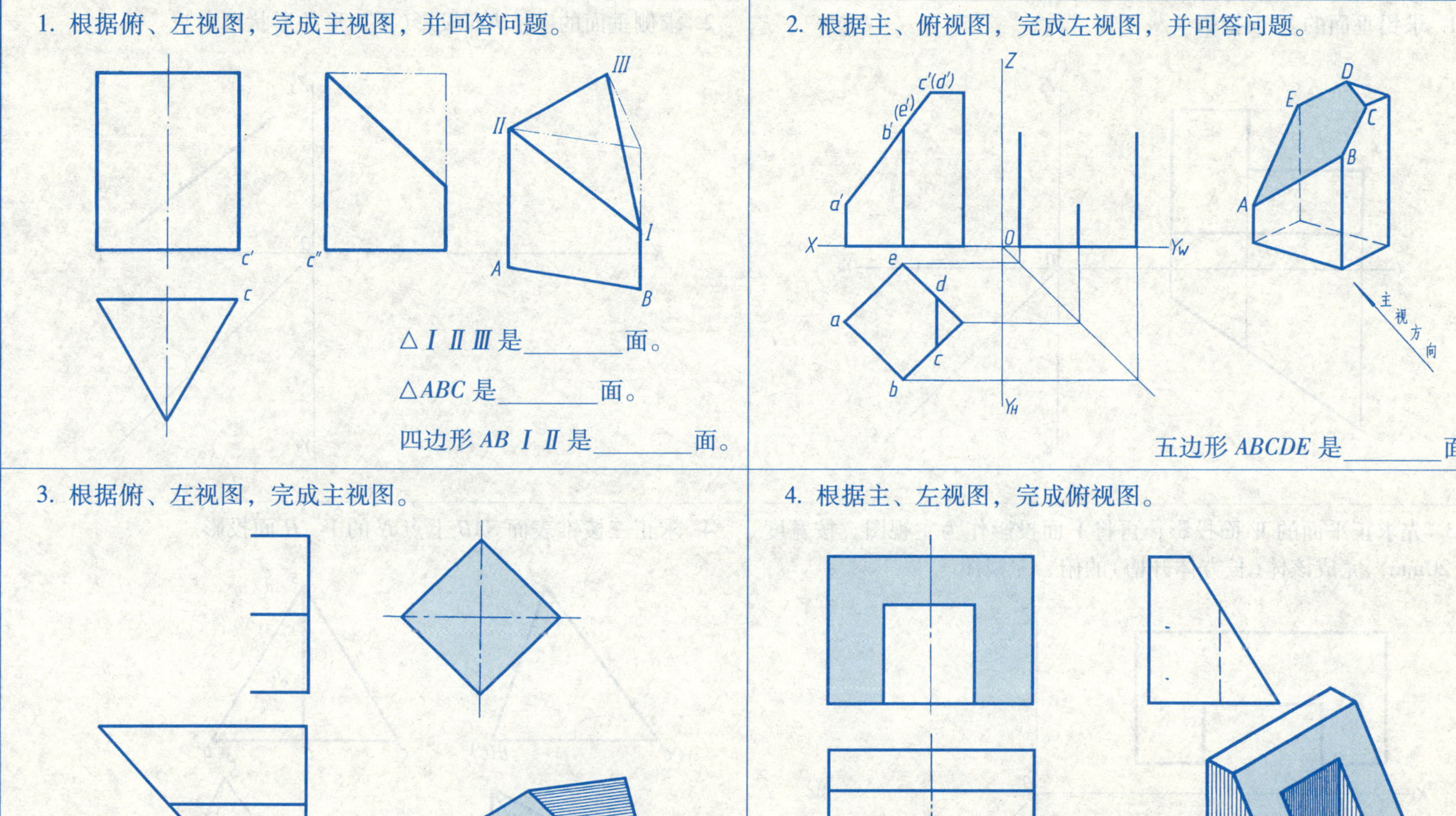

1. 根据俯、左视图,完成主视图,并回答问题。

△Ⅰ Ⅱ Ⅲ是________面。

△ABC是________面。

四边形AB Ⅰ Ⅱ是________面。

2. 根据主、俯视图,完成左视图,并回答问题。

五边形ABCDE是________面。

3. 根据俯、左视图,完成主视图。

4. 根据主、左视图,完成俯视图。

由上述作图可知,视图中的斜线一般是物体上斜面(投影面垂直面)的投影,与斜线对应的另两面投影一定是与原形边数相等的多边形(类似形)。掌握该投影特性对读图有益,对读切割体的视图尤其重要。

班级　　　　姓名　　　　学号

2-20　平面的投影。

1. 求铅垂面的 *W* 面投影。

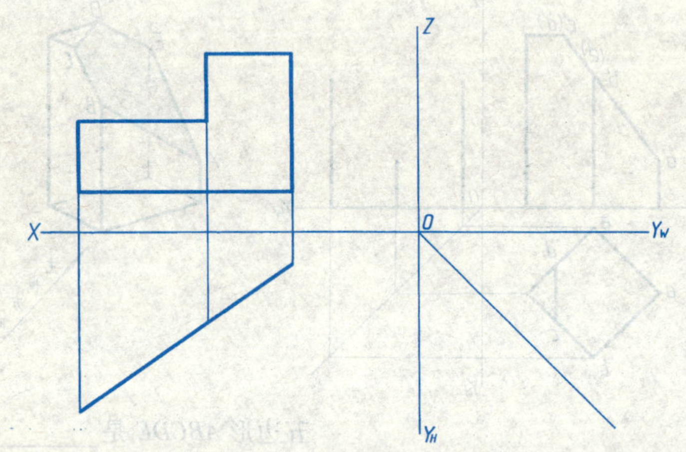

2. 求侧垂面的 *V*、*H* 面投影（平面形的形状自定）。

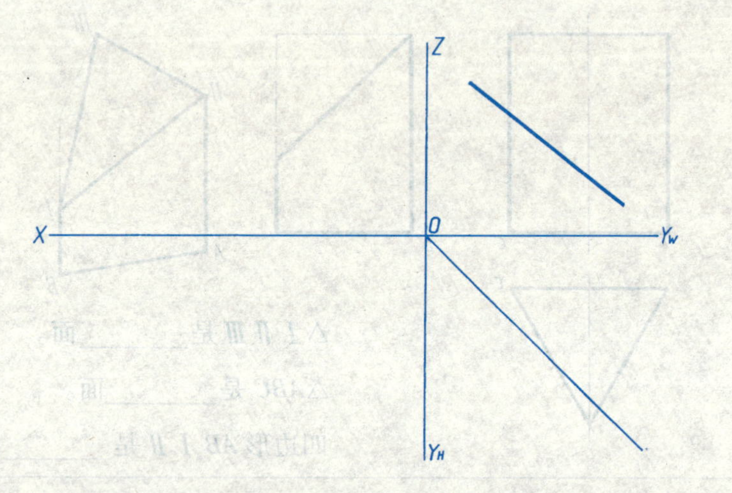

3. 先求正平面的 *W* 面投影，再将 *V* 面投影作为主视图，按宽度为 20mm，完成该体（长方体开槽）的俯、左视图。

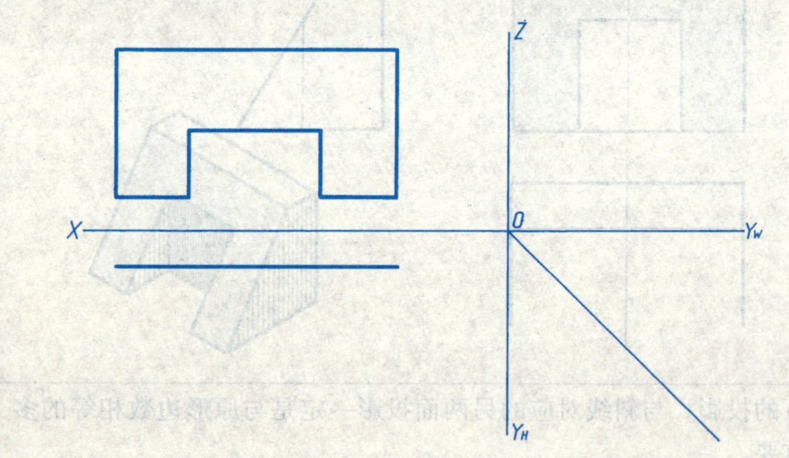

4. 求正三棱锥表面 *SAB* 上点 *N* 的 *V*、*H* 面投影。

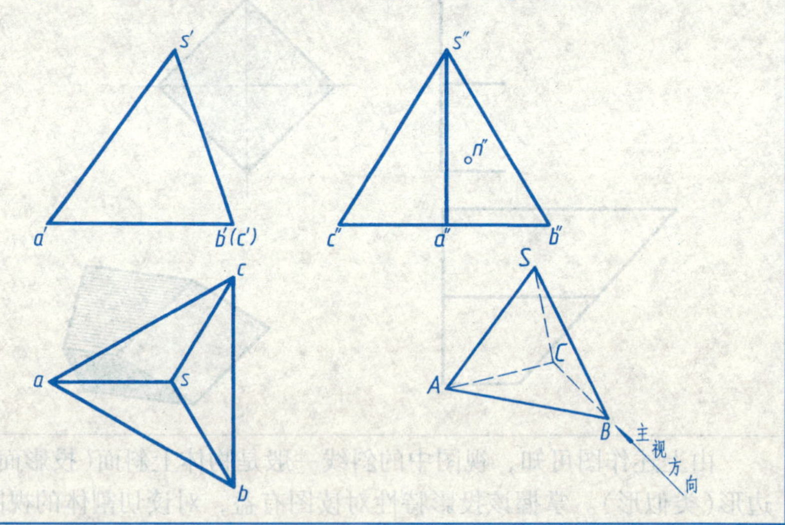

班级　　　　姓名　　　　学号

2-21 根据三视图想象几何体形状，补画视图中所缺的图线，并辨认其立体图（在括号内填入相应三视图的编号）。

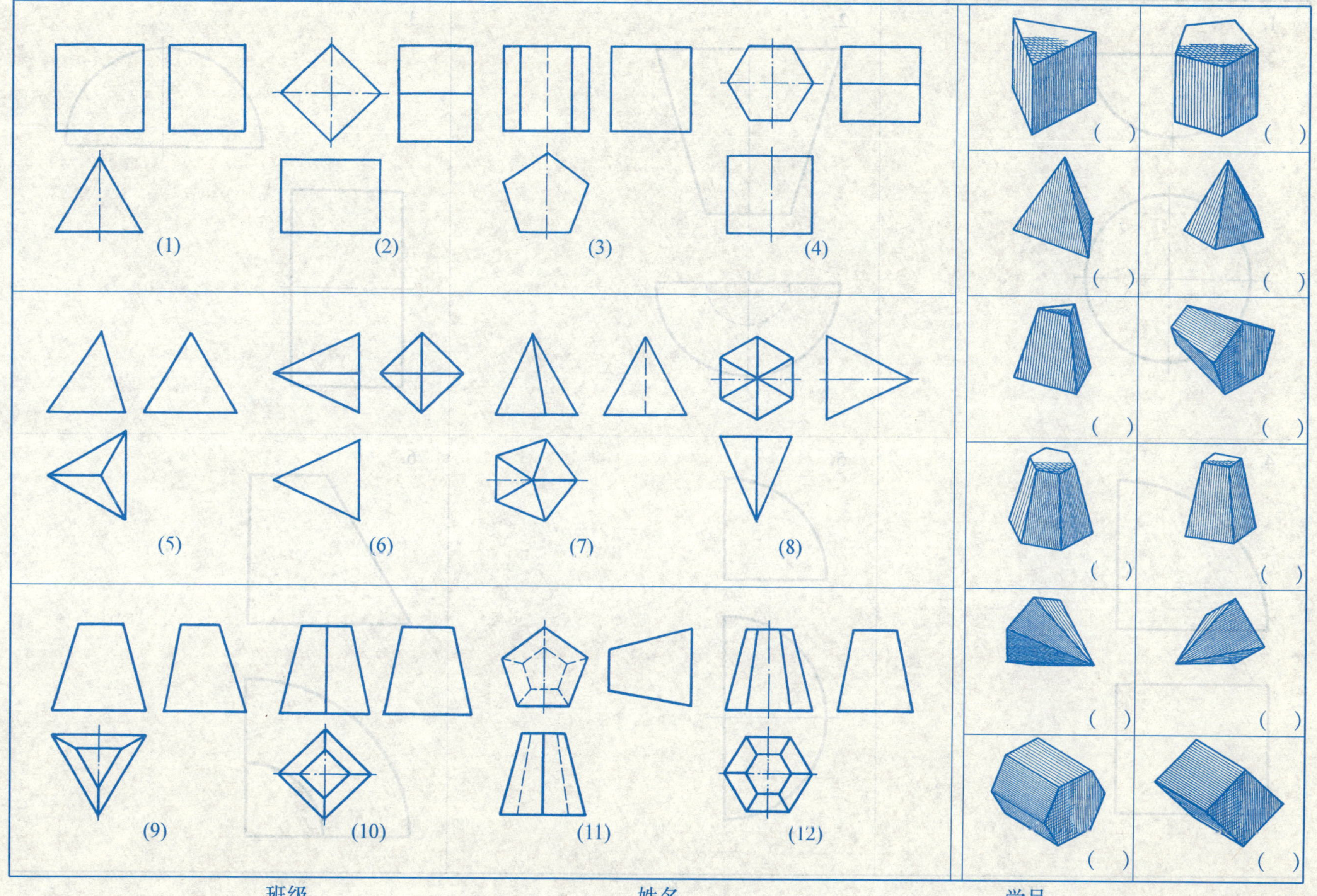

班级　　　　姓名　　　　学号

2-22 已知回转体(一部分)的两个视图，求作第三视图。

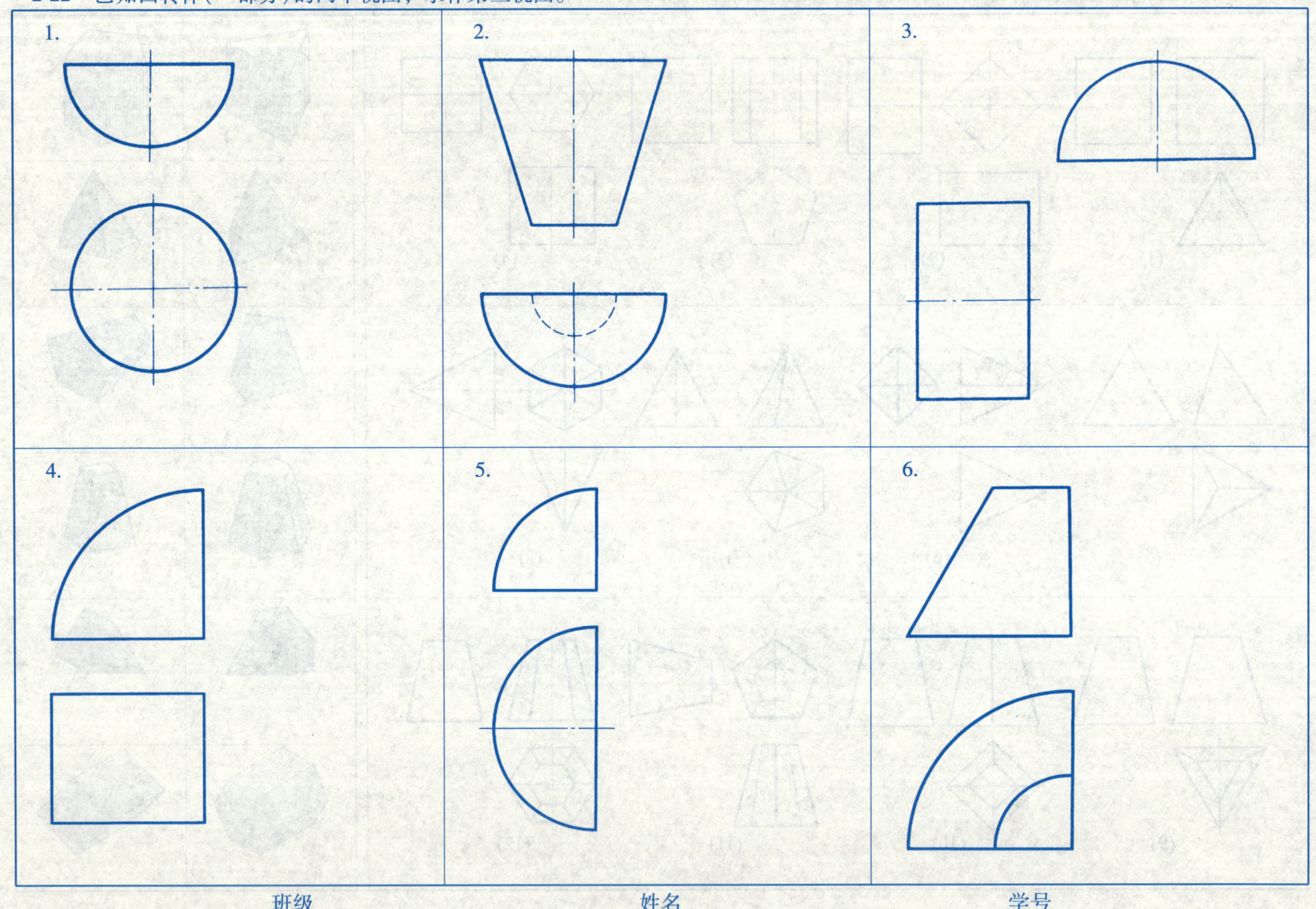

班级 姓名 学号

2-23 分析回转体的轮廓线，求作已知点的另两面投影，并说明它们的空间位置。

1.

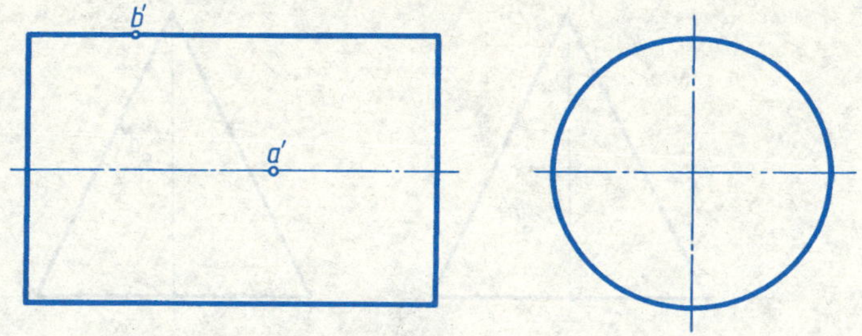

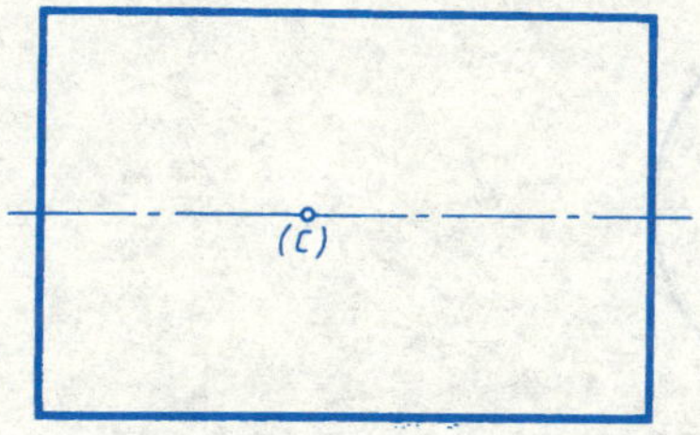

b′ a′ (c)

点 *A* 在<u>最前</u>素线上；

点 *B* 在______素线上；

点 *C* 在______素线上。

2.

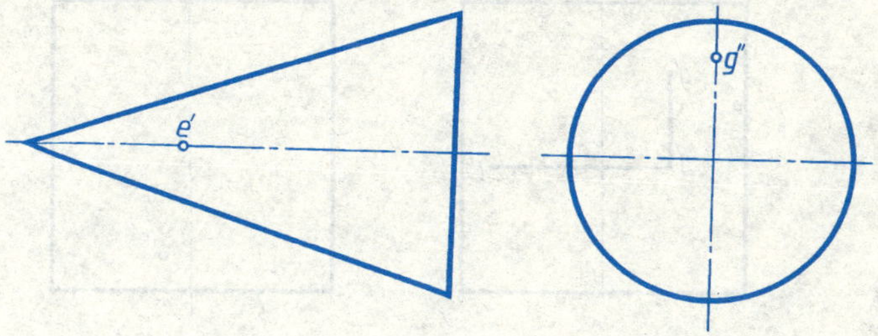

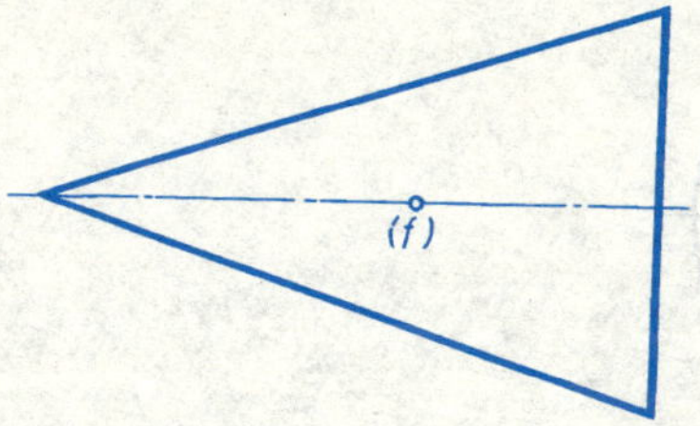

e′ g″ (f)

点 *E* 在______素线上；

点 *F* 在______素线上；

点 *G* 在______素线上。

3.

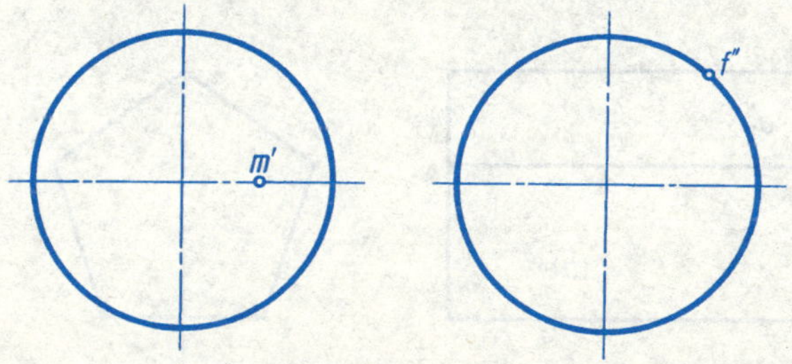

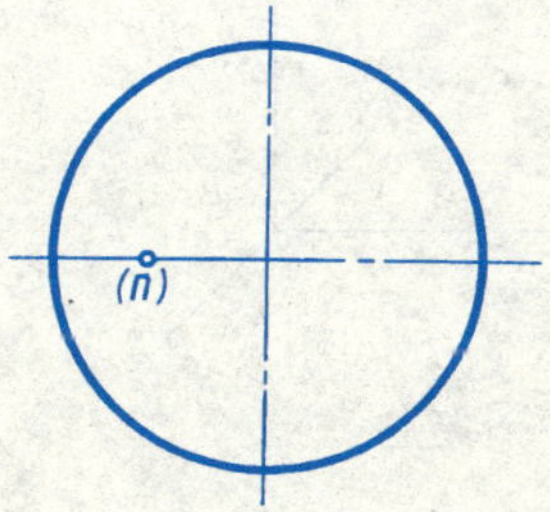

m′ f″ (n)

点 *M* 在平行______面的圆素线上；

点 *N* 在平行______面的圆素线上；

点 *F* 在平行______面的圆素线上。

4.

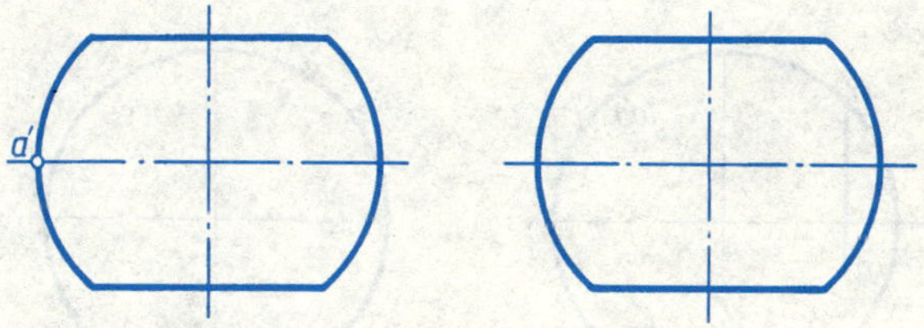

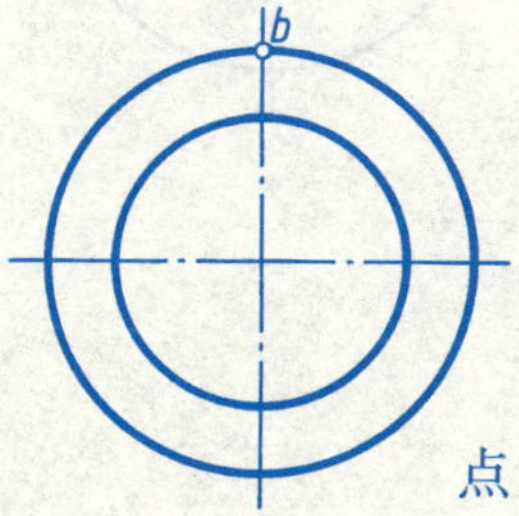

a′ b

点 *A* 在平行____、____面的圆素线上；

点 *B* 在平行____、____面的圆素线上。

班级　　　　姓名　　　　学号

2-24　已知回转体表面上点、线的一面投影，求作另两面投影。

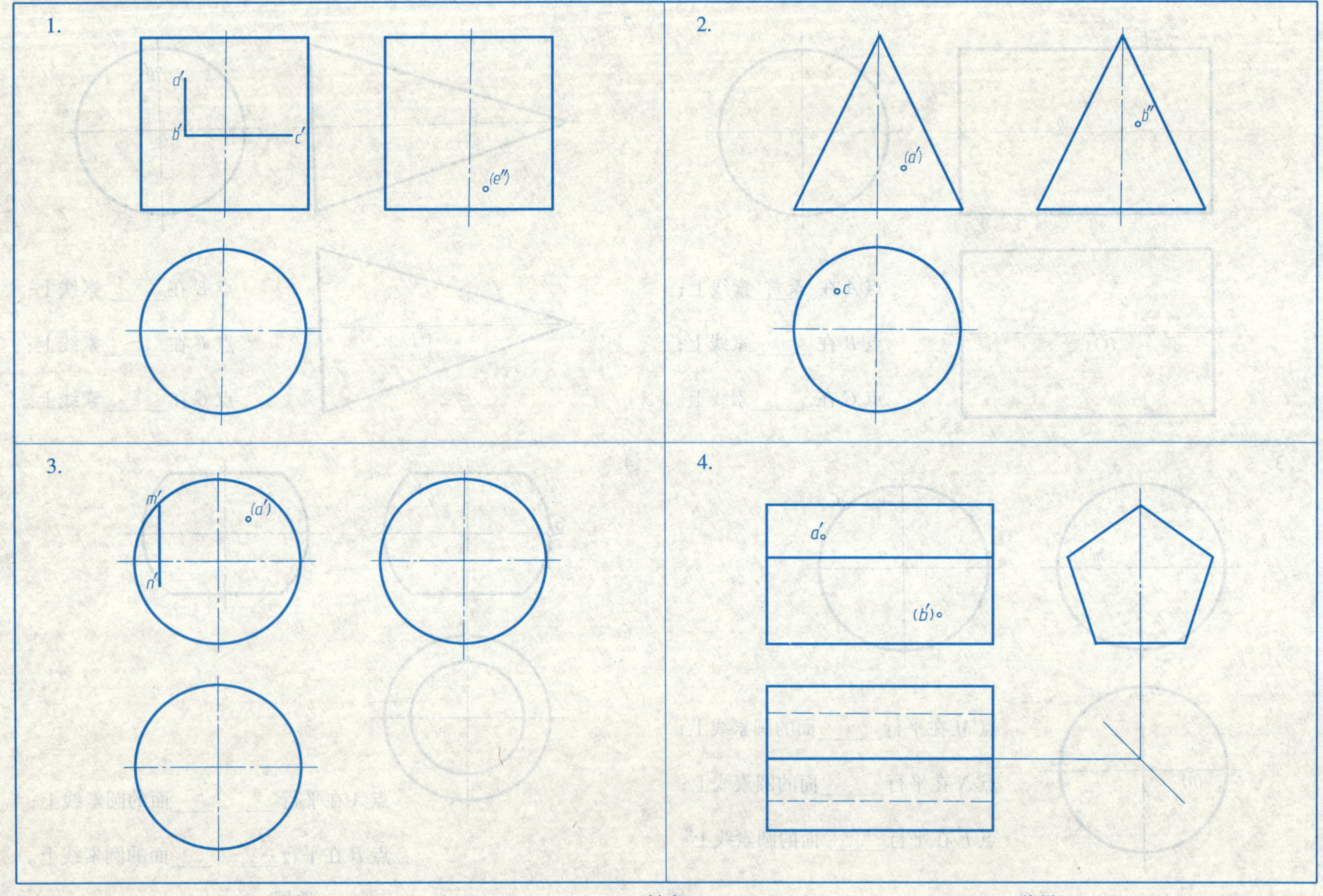

班级　　　　　　　　　　姓名　　　　　　　　　　学号

2-25 判别下图中所指线框的相对位置（括号内不要的字打叉）。

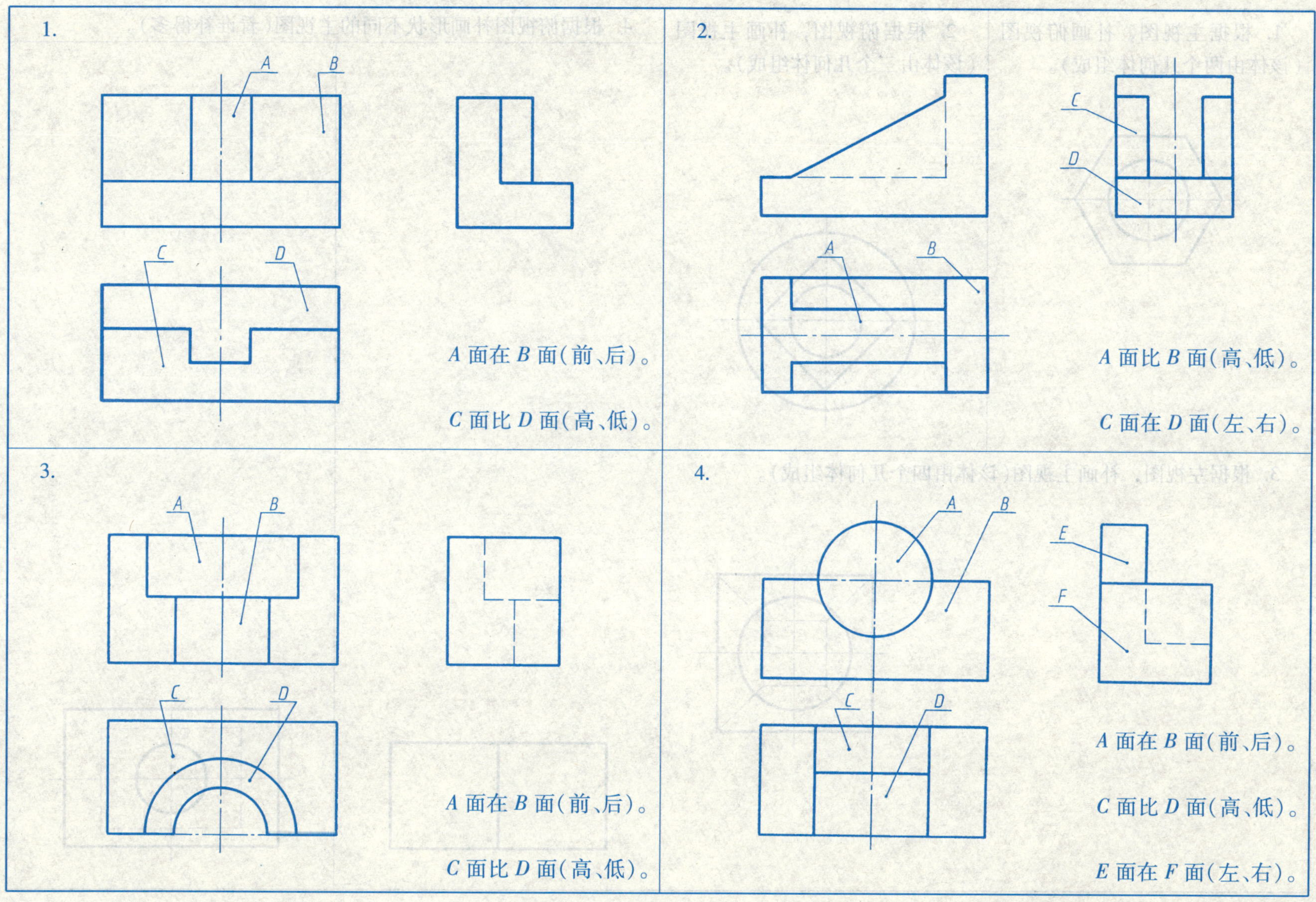

班级　　姓名　　学号

2-26　识读一面视图。

1. 根据主视图，补画俯视图（该体由两个几何体组成）。

2. 根据俯视图，补画主视图（该体由三个几何体组成）。

4. 根据俯视图补画形状不同的主视图（看谁补得多）。

3. 根据左视图，补画主视图（该体由四个几何体组成）。

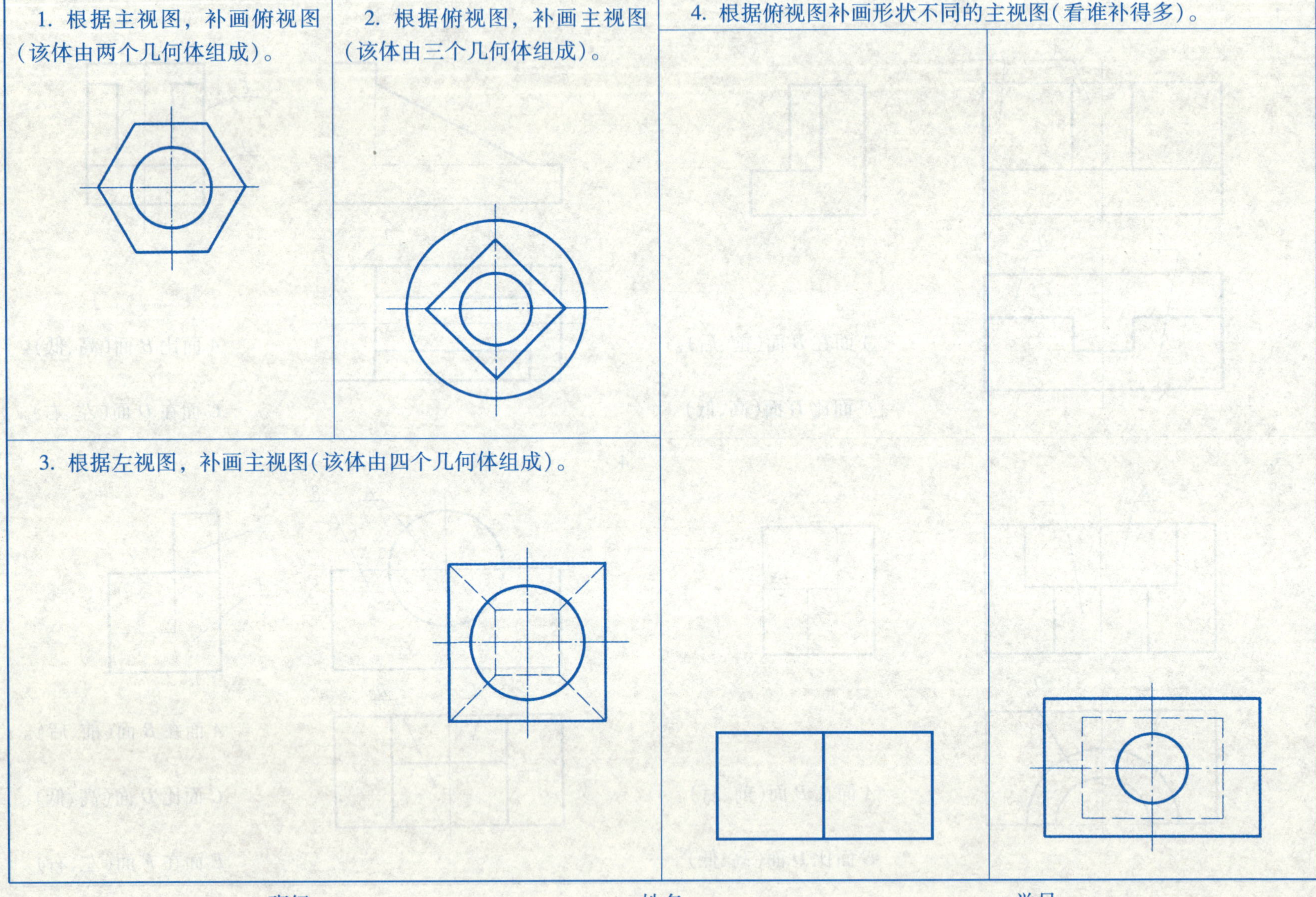

班级　　　　　　　　姓名　　　　　　　　学号

2-27　续前页。

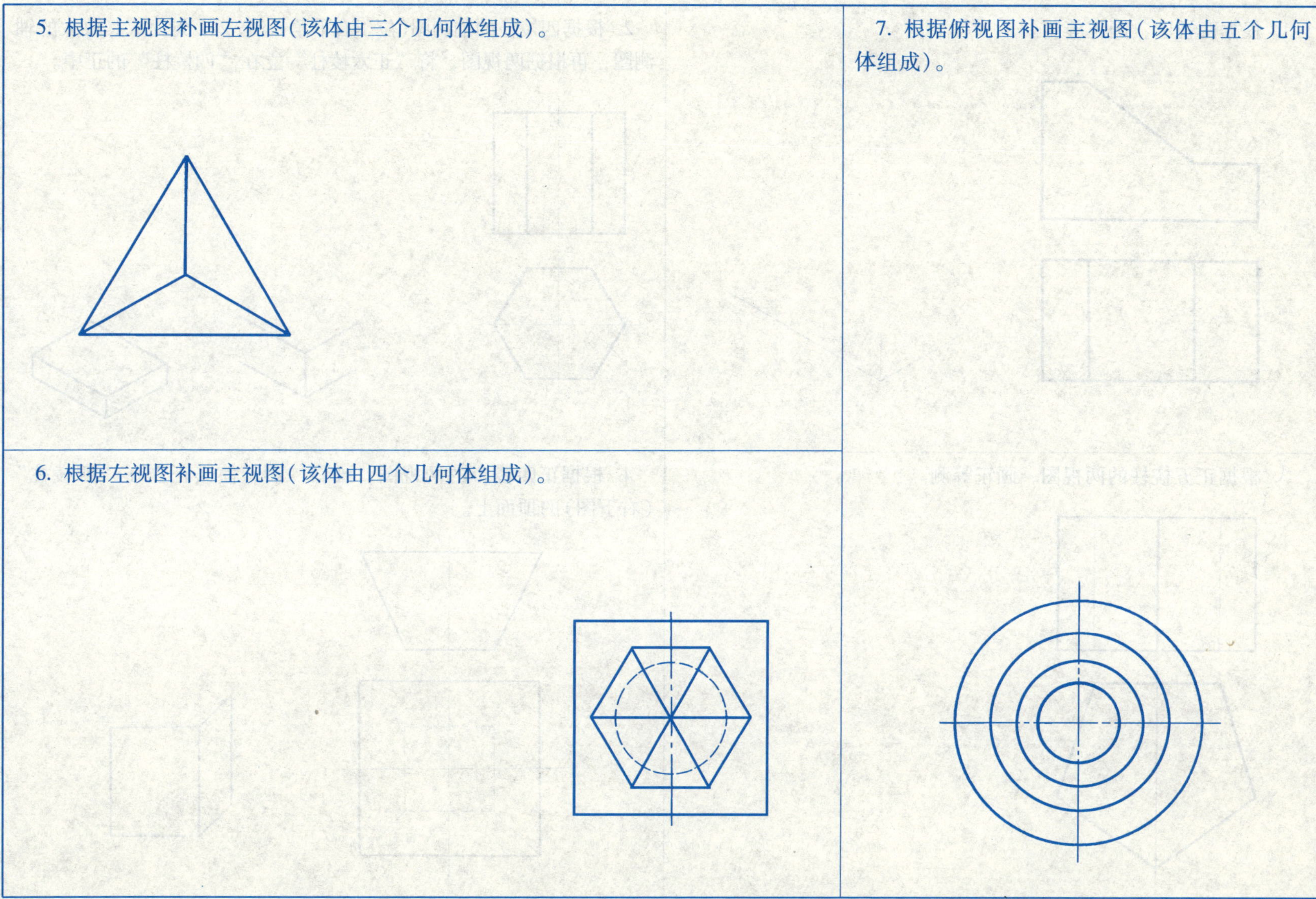

5. 根据主视图补画左视图(该体由三个几何体组成)。

7. 根据俯视图补画主视图(该体由五个几何体组成)。

6. 根据左视图补画主视图(该体由四个几何体组成)。

班级　　　　姓名　　　　学号

三、轴测图　3-1　几何体的轴测图。

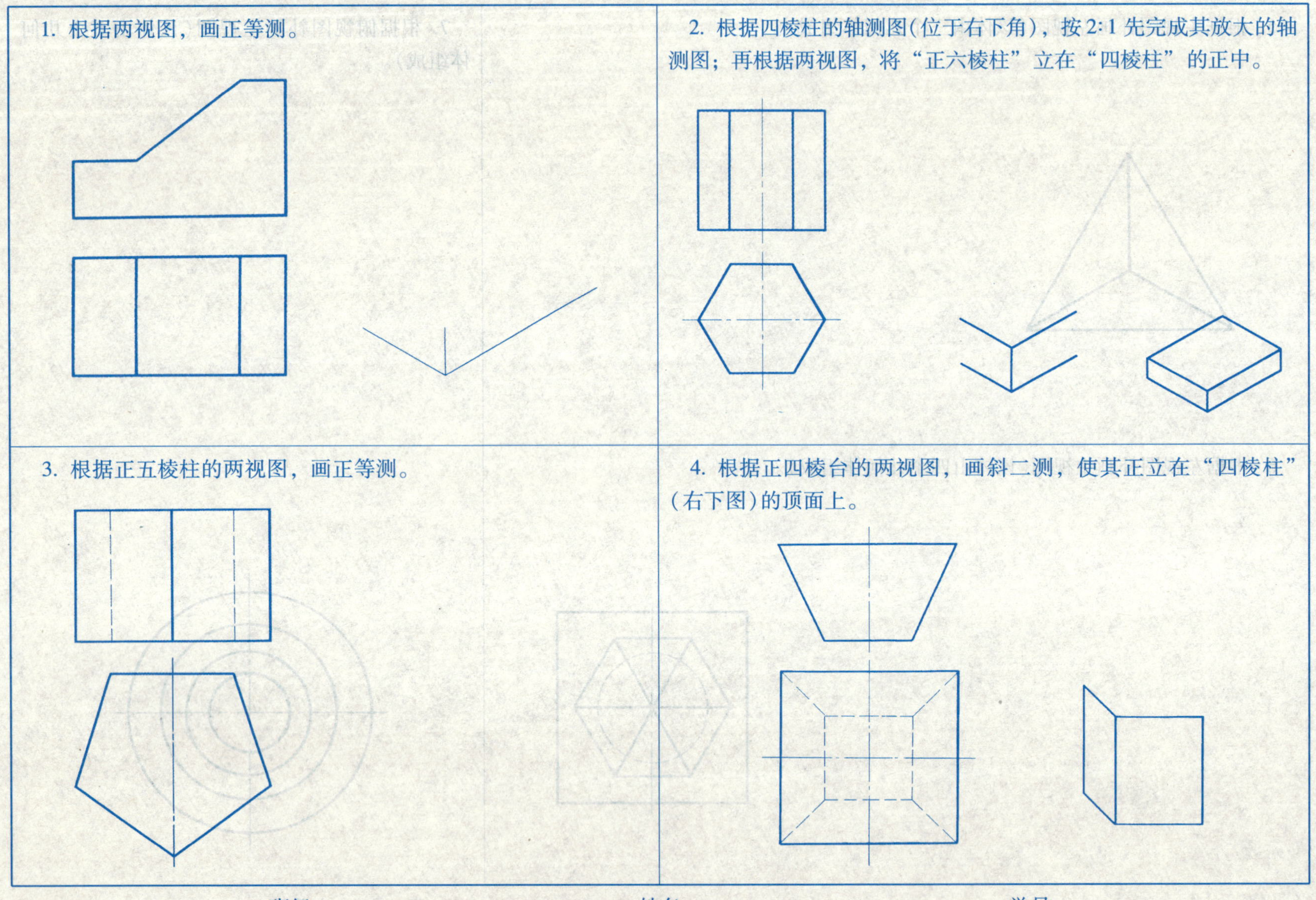

班级　　　　姓名　　　　学号

3-2 几何体的轴测图。

1. 根据三视图画全轴测图，再根据轴测图补全三视图，然后根据三视图以 2∶1 画出其轴测图。

2. 根据圆柱的两视图，画正等测（立在“四棱柱”的正中）。

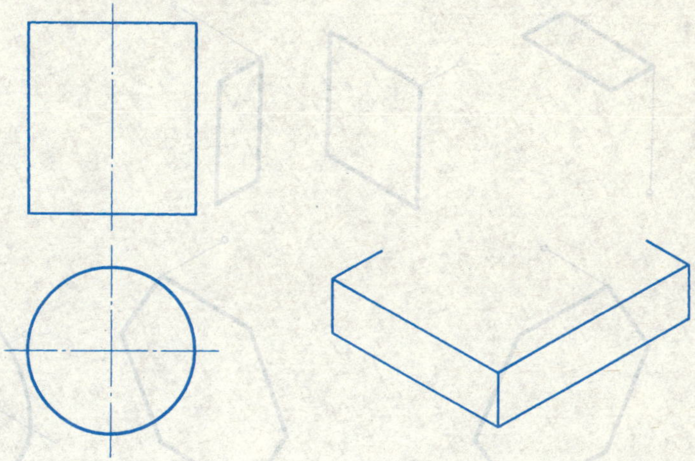

3. 根据圆柱的两视图，画斜二测（位于小圆柱之后，并与其同轴相接）。

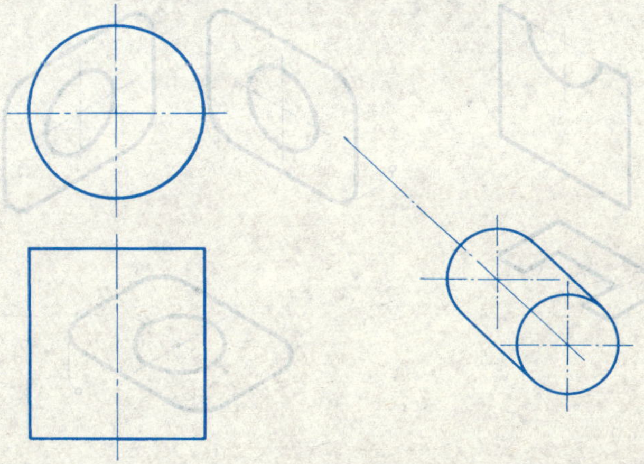

班级　　　　姓名　　　　学号

3-3　根据物体某一表面(上面、前面或左面)的轴测投影，徒手完成物体的轴测图(另一轴向尺寸,图中已通过不同形式给定)。

班级　　　　　　　　　　　　姓名　　　　　　　　　　　　学号

3-4　根据两视图徒手画轴测图(斜格上方的四组图中:每组左侧的两视图画正等测,右侧的两视图画斜二测)。

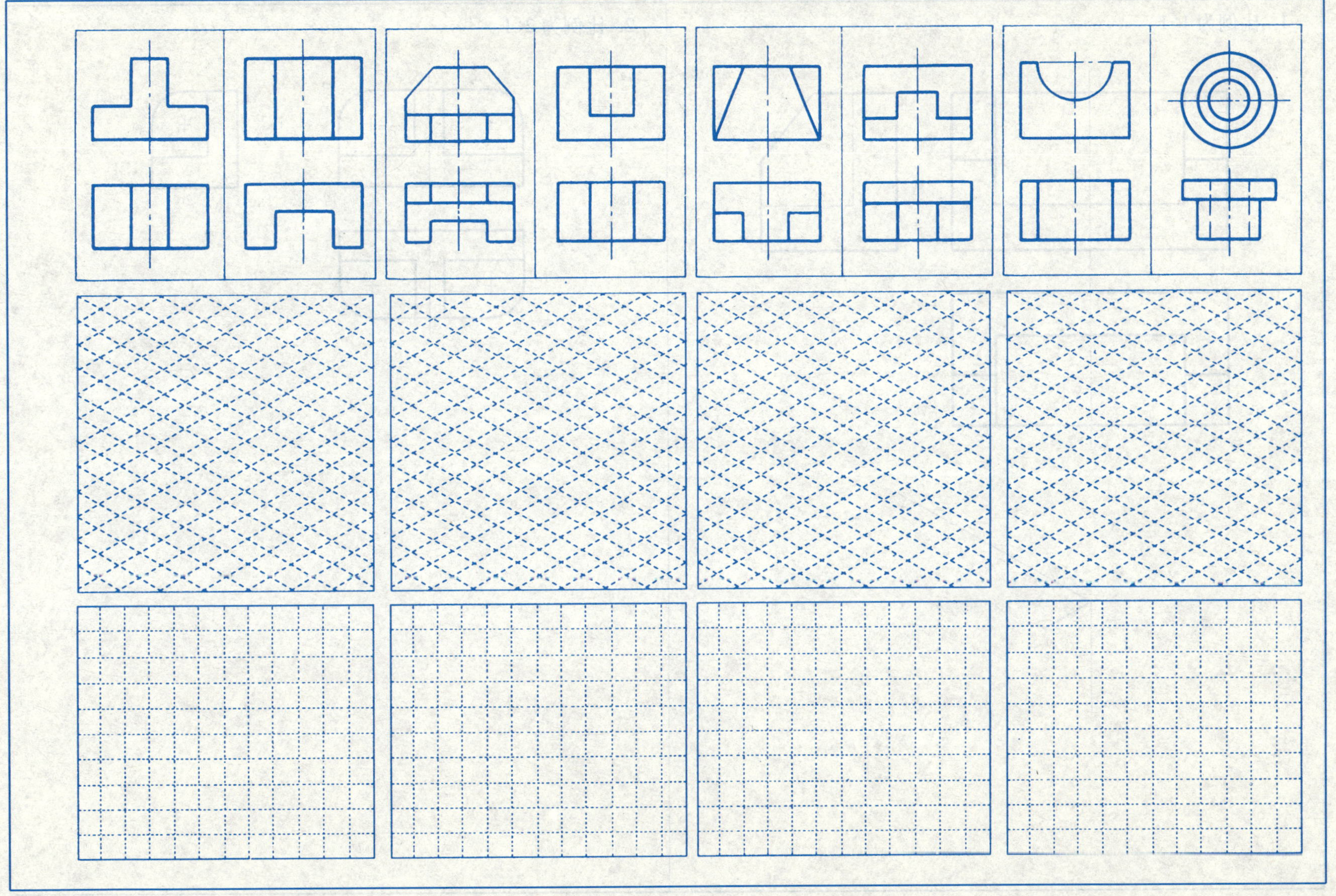

班级　　　　姓名　　　　学号

3-5　根据三视图，画正等测(尺寸从图中量取)。

1. 比例为 1∶1。

2. 比例为 2∶1。

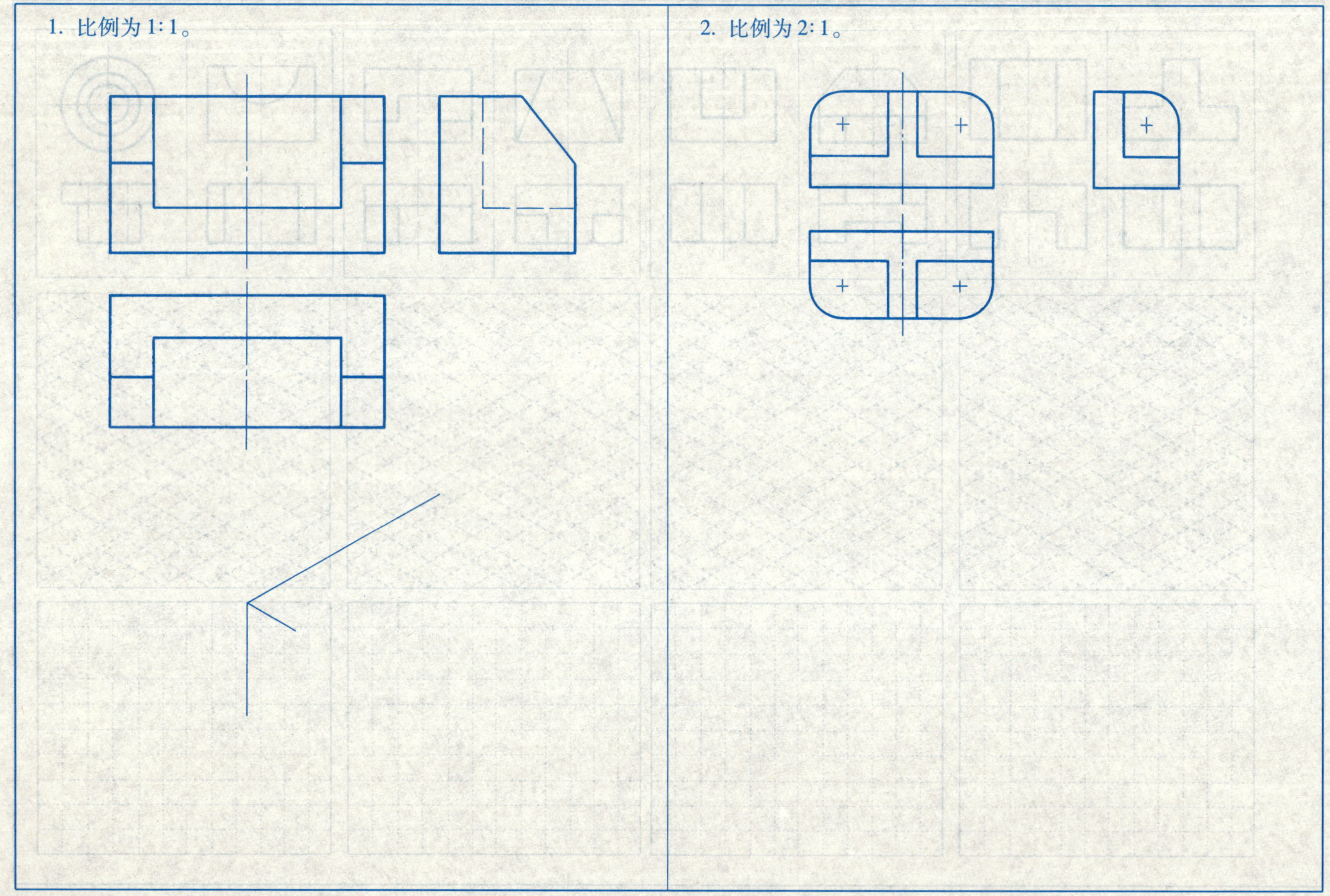

班级　　　　　　姓名　　　　　　学号

3-6　根据给定视图，画轴测图。

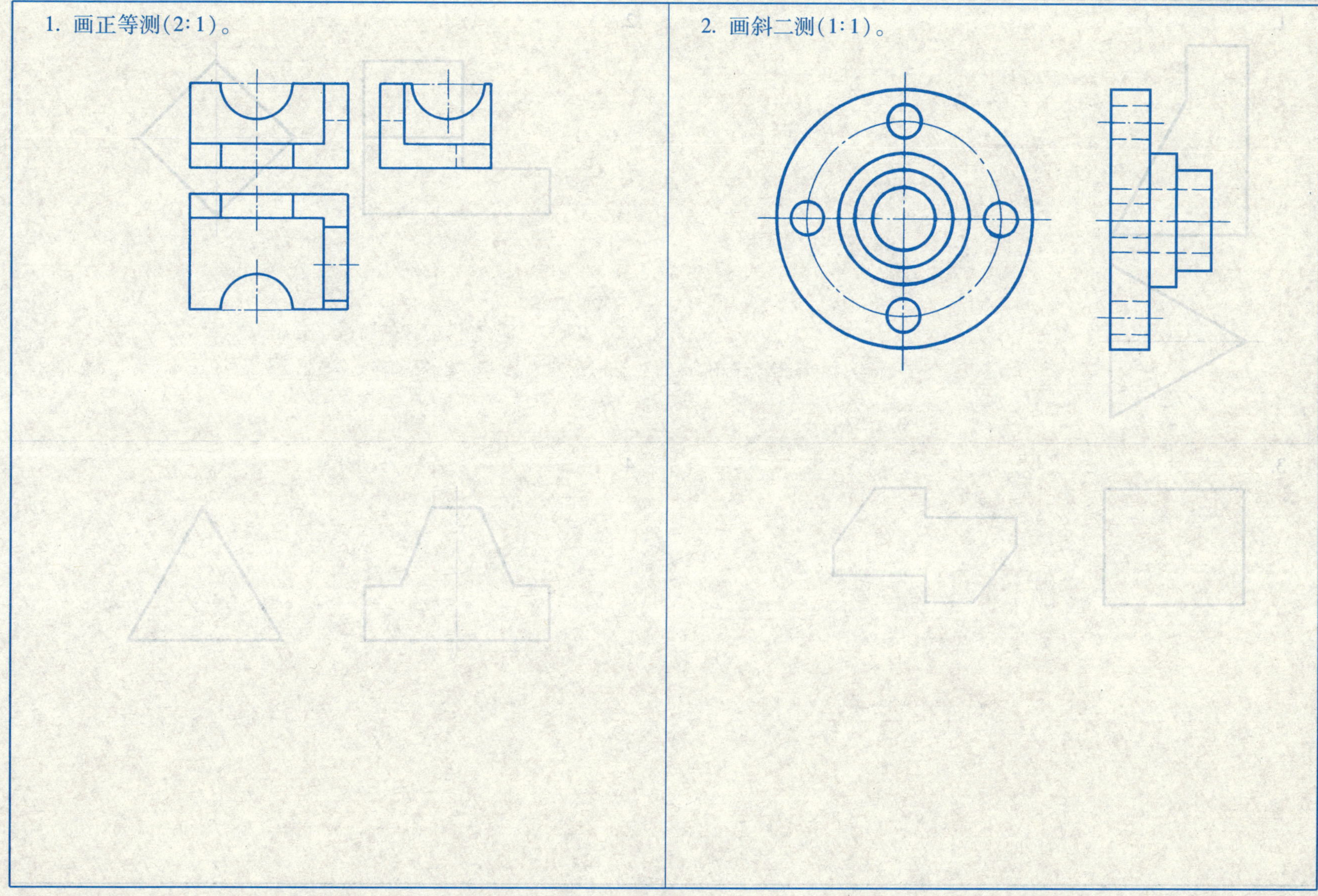

班级　　　　　　　　姓名　　　　　　　　学号

四、立体的表面交线　4-1　根据给出的一个完整视图，完成另一视图，再补画所缺的视图。

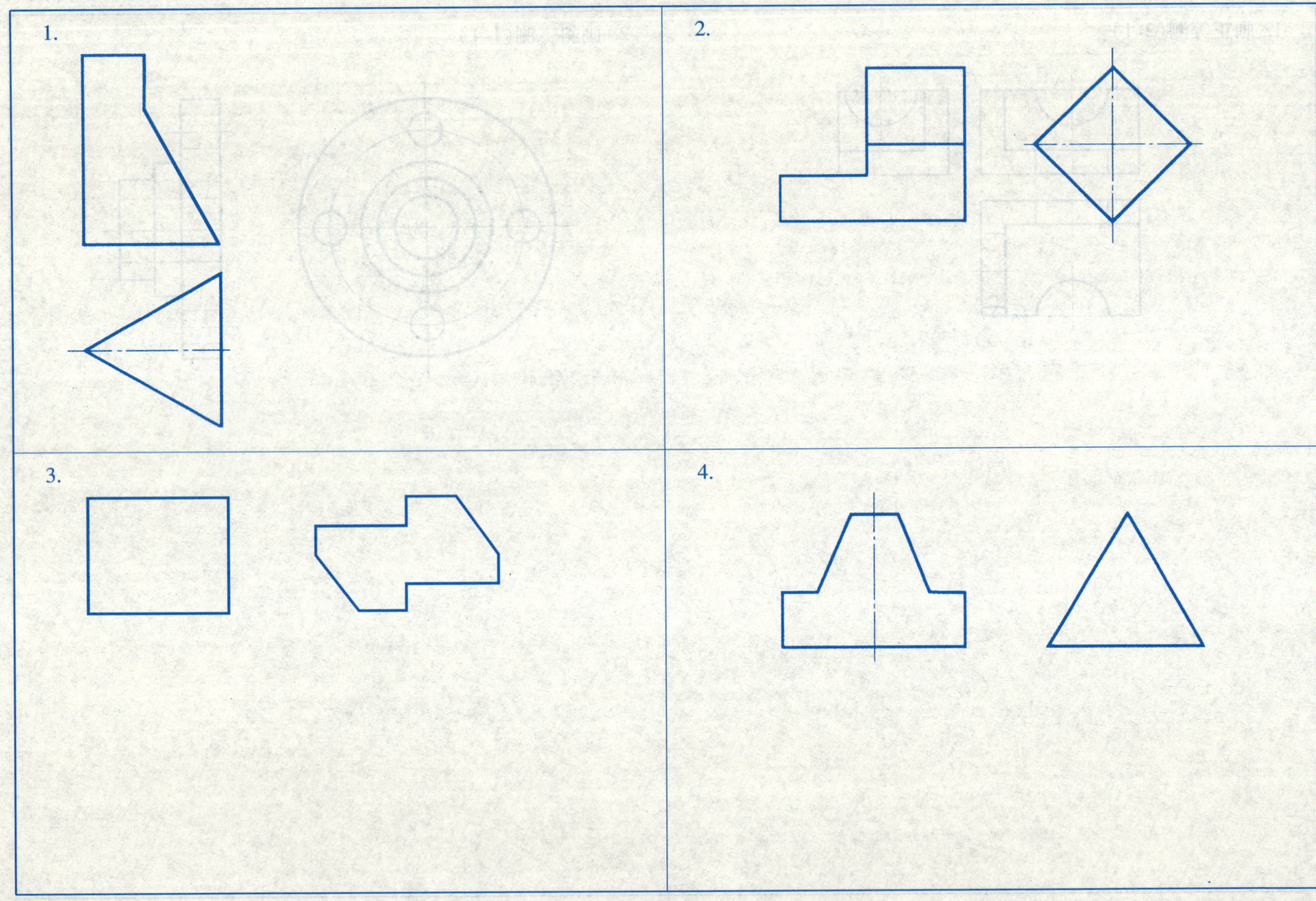

班级　　姓名　　学号

4-2　根据轴测图，在方格内徒手画出其三视图。

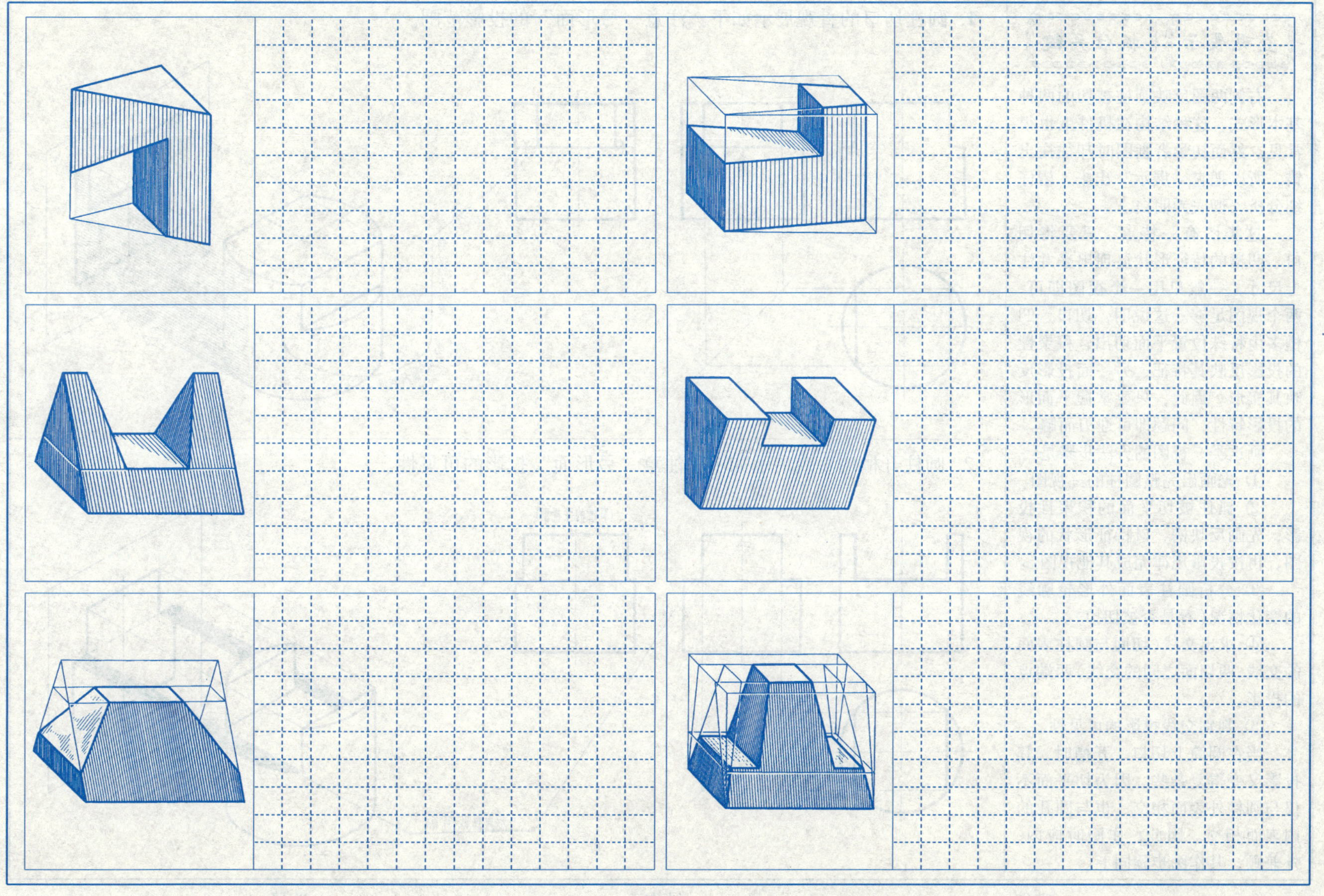

班级　　　　　　　　　　　　姓名　　　　　　　　　　　　学号

4-3 圆柱体切口、开槽的画法（做题前必读）。

直观展示 抓住关键

右侧两图反映圆柱被切的两种基本形式，这种结构在机件上也很常见。然而初学者画图时却往往出错，所以把它“展示”出来，望仔细分析，彻底弄明白。

这类图有一特点，只要将切口、凹槽的特征形状显现出来并注上尺寸，一般只用一个视图即可，两个视图足够。这说明，切口、凹槽多由特殊位置平面切出，积聚性的投影反映其特征，另一面投影反映其实形。因此，只要掌握平面形的投影特性，问题即可迎刃而解。

画这类三视图的方法步骤是：

① 先画出完整圆柱的三视图。

② 抓住被切平面的积聚性投影，先画反映槽、口特征形状的视图，再按投影规律完成其他视图。

③ 分析圆柱表面外形轮廓线的变化情况（看是否被切掉）。

④ 求出交线（切面与圆柱表面的交线，两切面之间的交线）两端点的投影。

⑤ 判别交线投影的可见性。

当在圆筒上切口、开槽时，其投影又变得复杂些。因为切平面不仅与圆柱外表面相交，也与圆孔的内表面相交。因此，作图时应内、外兼顾，其作图步骤同上。

1. 圆柱切口的直观展示如下：注意“弓形面”的投影范围。

2. 圆柱开槽的直观展示如下：注意“弓形面”投影的可见性。

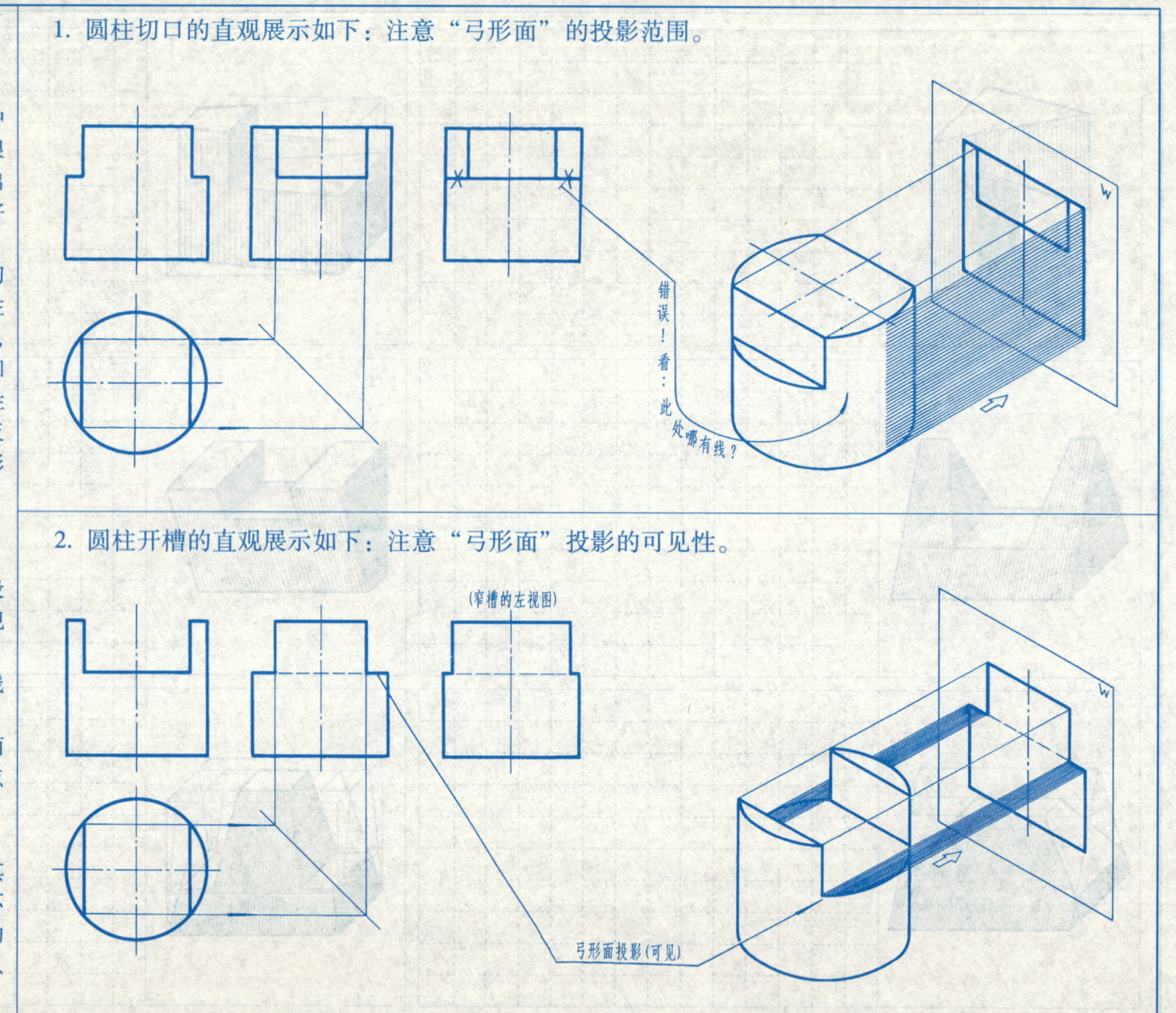

班级 姓名 学号

4-4 根据两视图，补画所缺的第三视图。

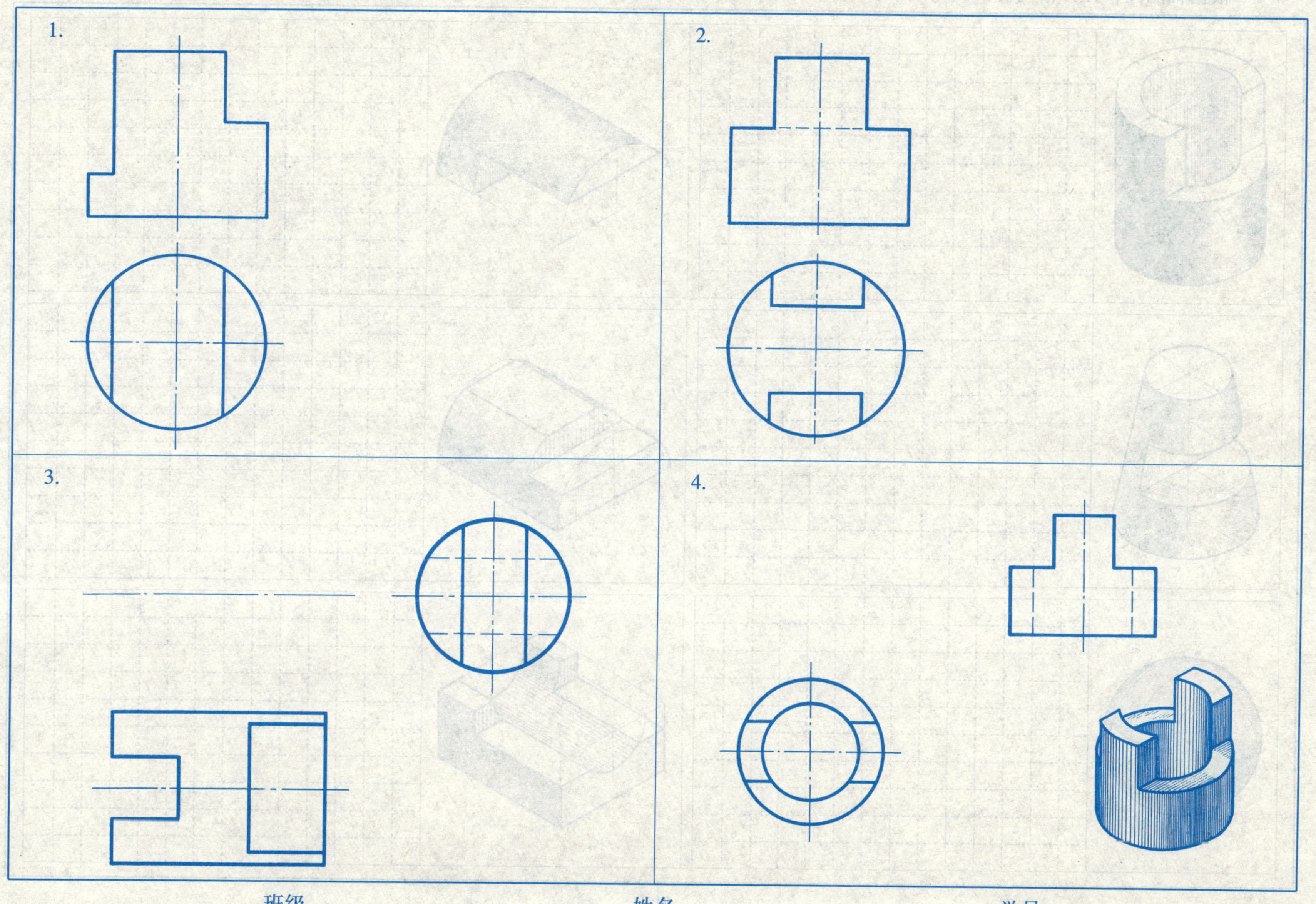

班级 姓名 学号

4-5　根据轴测图，在方格内徒手画出其三视图。

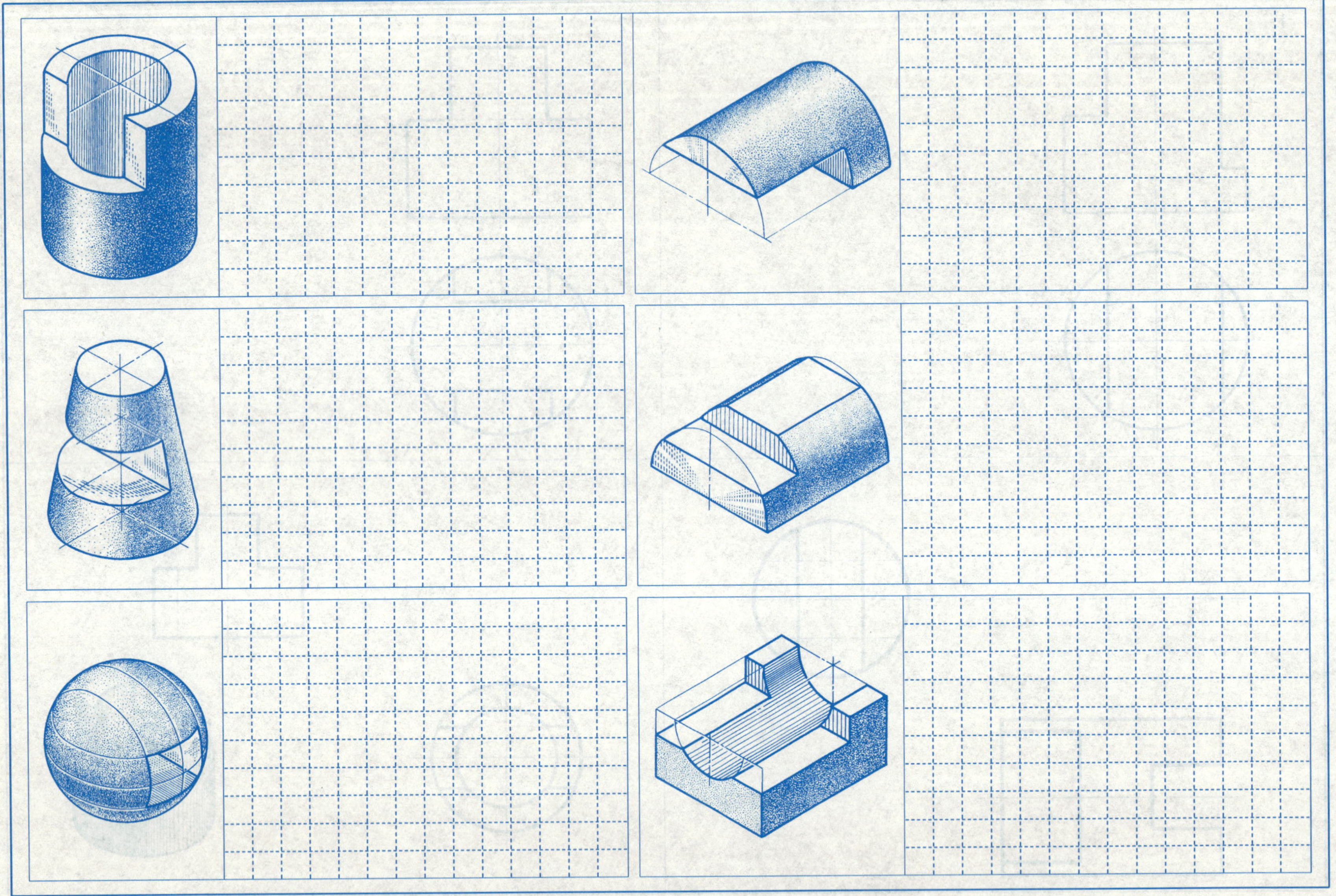

班级　　　　　　　　　　　　姓名　　　　　　　　　　　　学号

4-6　补画相贯线的投影或补画所缺视图。

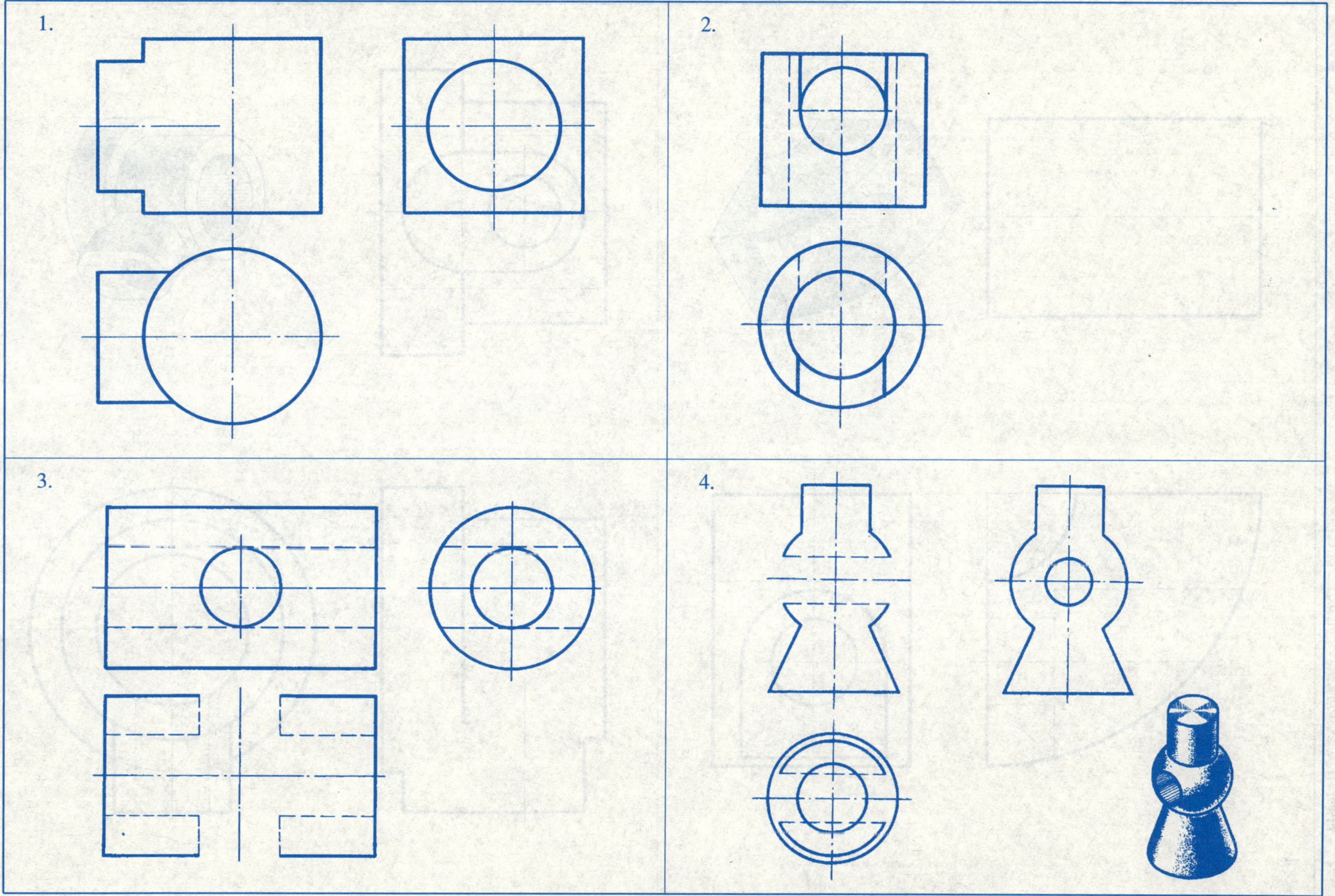

班级　　　　姓名　　　　学号

4-7 补画相贯线的投影，完成三视图。

班级　　姓名　　学号

五、组合体 5-1 根据轴测图补全视图中所缺的图线。

班级　　　　　　　　　　姓名　　　　　　　　　　学号

5-2　补画视图中所缺的图线。

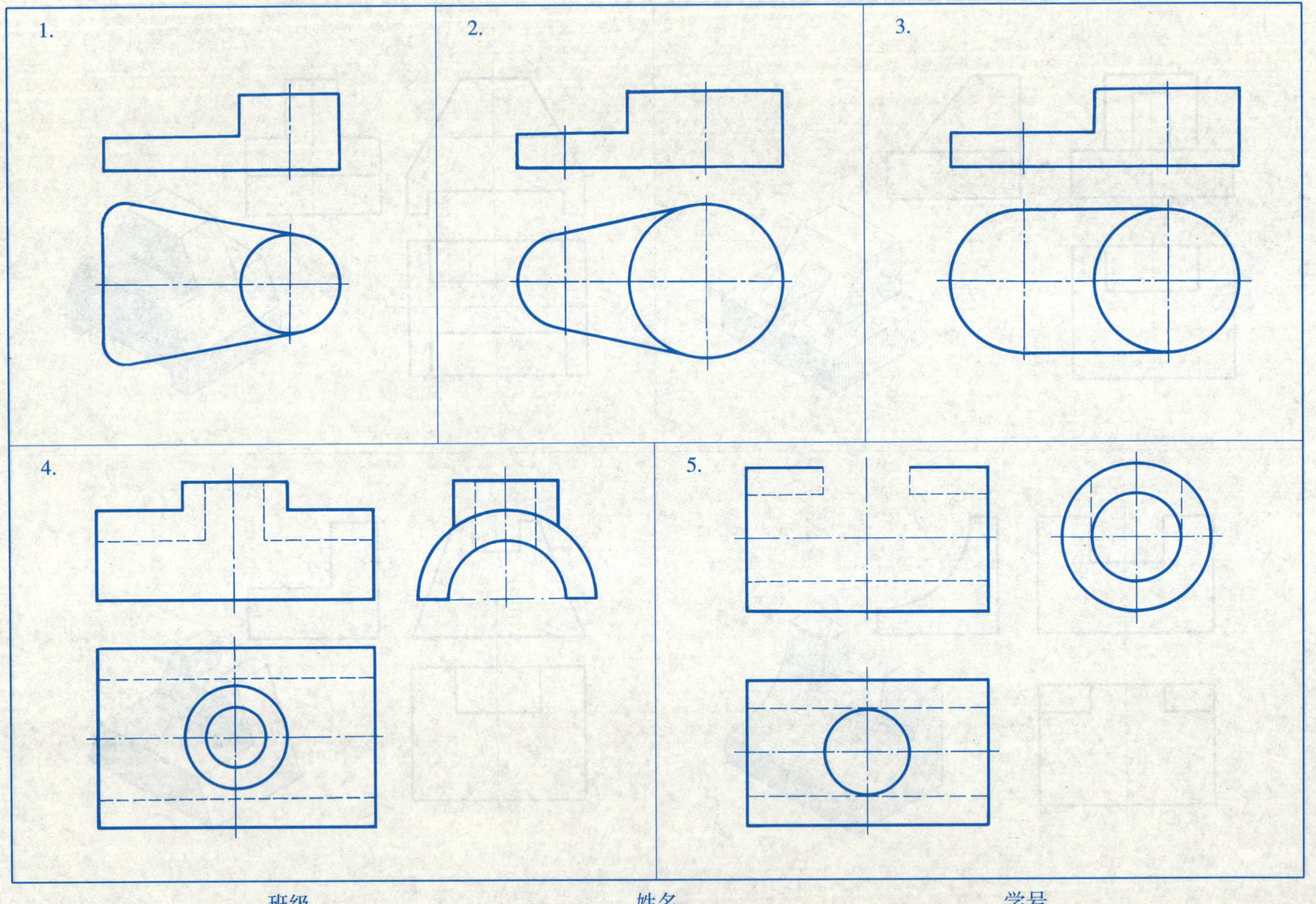

班级　　　　姓名　　　　学号

5-3　根据轴测图上标注的尺寸，按 1:1 的比例画出三视图(由教师选定两题)。

班级　　姓名　　学号

5-4　根据轴测图，徒手画出其三视图。

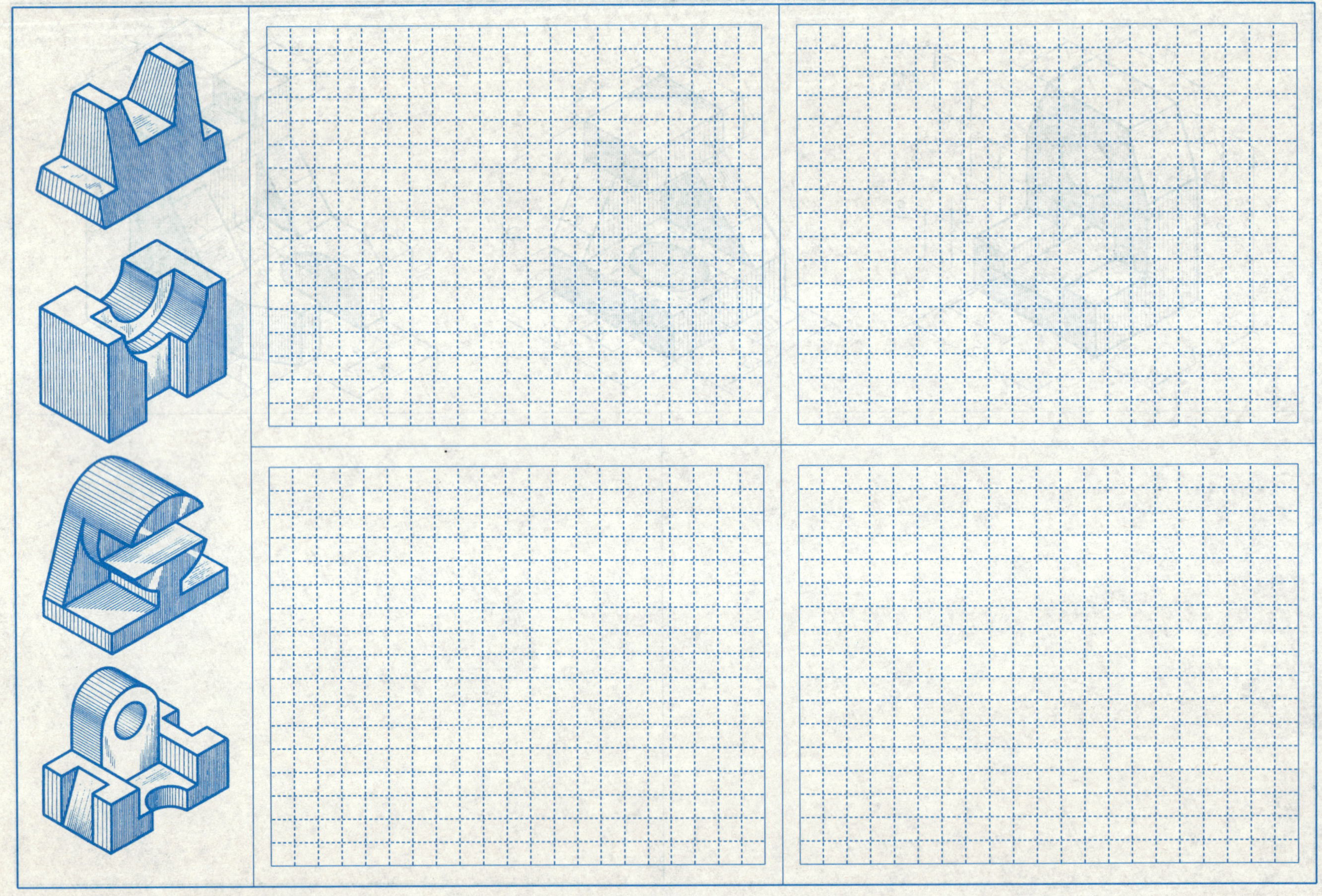

班级　　　　　　　　姓名　　　　　　　　学号

5-5　怎样检查图中的尺寸。

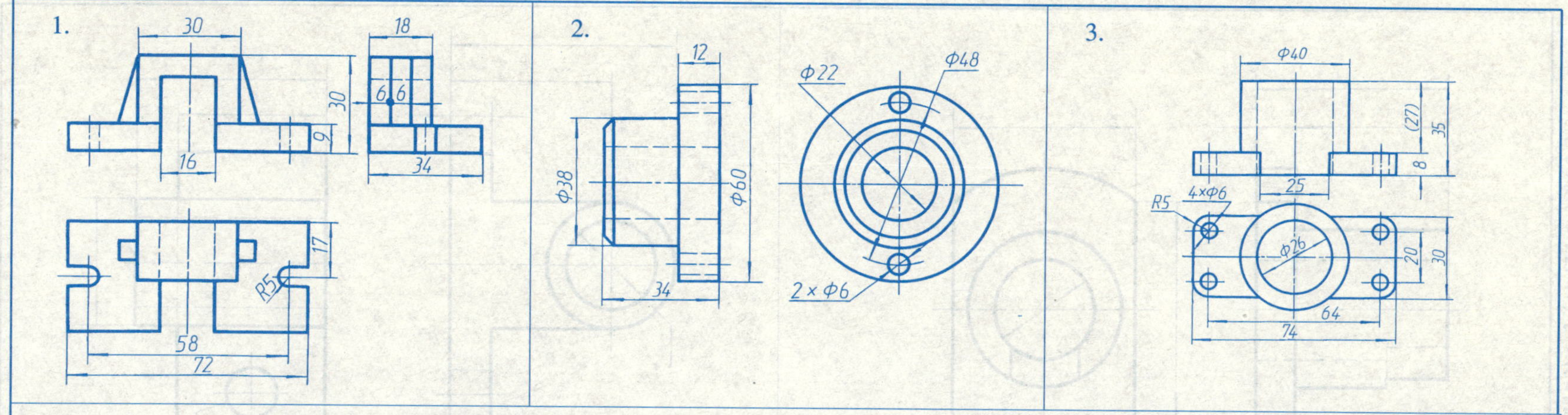

掌握检查尺寸的方法

图样是生产的指令，尺寸是图样中指令最强的内容。据美国杂志报导，71%的废品是由于尺寸原因造成的。可见，图样脱手前，对其尺寸审慎地进行检查，以保证标注尺寸的正确性，具有特殊重要的意义。

检查的标准是：所注尺寸应准确无误地确定组合体各组成部分的形状、大小和位置。不得有多注和漏注的尺寸。检查的具体方法如下：

（一）按尺寸类别检查

1. 按各组成部分分别检查定形尺寸。

2. 按各部分相对位置检查定位尺寸。

3. 按整体外形的大小检查总体尺寸。

（二）分别从三个方向的尺寸基准出发，集中检查“同向”尺寸

如分题1，检查高度方向尺寸，可从该向基准——“底面”出发，按组成部分逐个往上“推”，结果发现，通槽的高度尺寸漏注。当尺寸基准为对称平面时，应从对称线出发，向两侧横跨，由内向外，由小到大依次地检查，如16、30、…，结果查出肋板的长向尺寸未注。当尺寸基准为轴线时，如分题2所示，则应从轴线出发，横向地检查各部分的直径尺寸。然后，再从轴向基准（一般与轴线垂直）出发检查轴向尺寸，发现倒角尺寸遗漏。

（三）检查有无重复尺寸

按重复尺寸（或多余尺寸）加工零件，既不便于测量，也影响尺寸精度，甚至会使零件报废，如查出，则应去掉。如分题3中的“25”，因受底板宽度和圆筒外径尺寸的制约，是机件成形后自然得到的，故为多余尺寸。主视图中的“27”为重复尺寸。但底板的长向尺寸74、64和宽向尺寸30、20及*R*5则是常见注法，它们均有各自的意义，其中：74和30表示底板的长和宽；64和20是钻孔时圆心的定位尺寸；而*R*5则是为作木模时确定圆角半径提供方便。

（四）检查尺寸数字

检查有无错注、漏注之处，还要校核相关尺寸数字是否协调。如分题3中，应核对74是否等于64加上两个圆弧半径尺寸*R*5之和，如此等等。

班级　　　　　　　　姓名　　　　　　　　学号

5-6 指出视图中重复或多余的尺寸(打叉)，并标注遗漏的尺寸(不注尺寸数字)。

班级　　　　姓名　　　　学号

5-7 指出视图中重复或多余的尺寸（打叉），并标注遗漏的尺寸（不注尺寸数字）。

1.

2.

3.

4.

班级 姓名 学号

5-8　分析视图，想出形状，标注尺寸(尺寸数值按 1∶1 的比例从图中量取整数)。

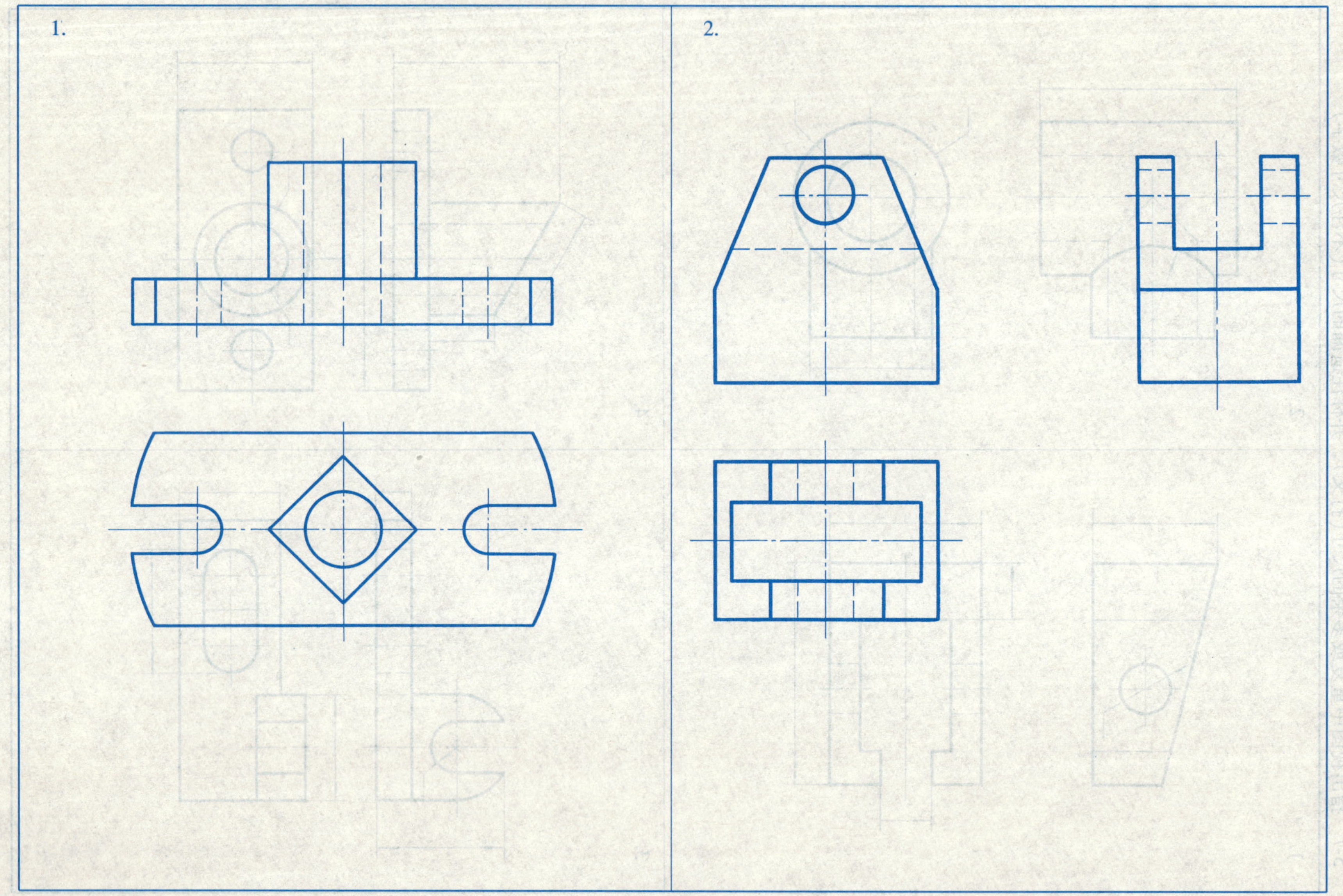

班级　　　　　　　　　　　　姓名　　　　　　　　　　　　学号

5-9 组合体作业。

作业 4 组合体三视图

（一）内容

根据模型（或轴测图）画三视图，并标注尺寸。

（二）目的

1. 初步掌握根据模型画组合体三视图的方法，提高绘图技能。
2. 练习组合体视图的尺寸注法。

（三）要求

1. 用 A3 图纸或 A4 图纸，横放。
2. 自己选定绘图比例。

（四）作图步骤

1. 运用形体分析法搞清组合体模型的组成部分，以及各组成部分之间的相对位置和组合关系。
2. 选取主视图的投射方向。所选的主视图应能最明显地表达模型的形状特征。
3. 画底稿（底稿线要细而轻）。
4. 检查底稿，修正错误，擦掉多余图线。
5. 按前面所讲的要求描深图线。
6. 标注尺寸，填写标题栏（根据轴测图画三视图时，不能将轴测图上所注的尺寸照搬，应按标注尺寸的要求进行）。

（五）注意事项

1. 布置视图时，要留出标注尺寸的位置。
2. 必须运用形体分析法，并按三类尺寸的要求标注尺寸，尺寸的布置要清晰。
3. 度量尺寸时所得的小数要化为整数。
4. 用标准字体填写尺寸数字和标题栏。图例如右图所示。

（六）图例（见右图）

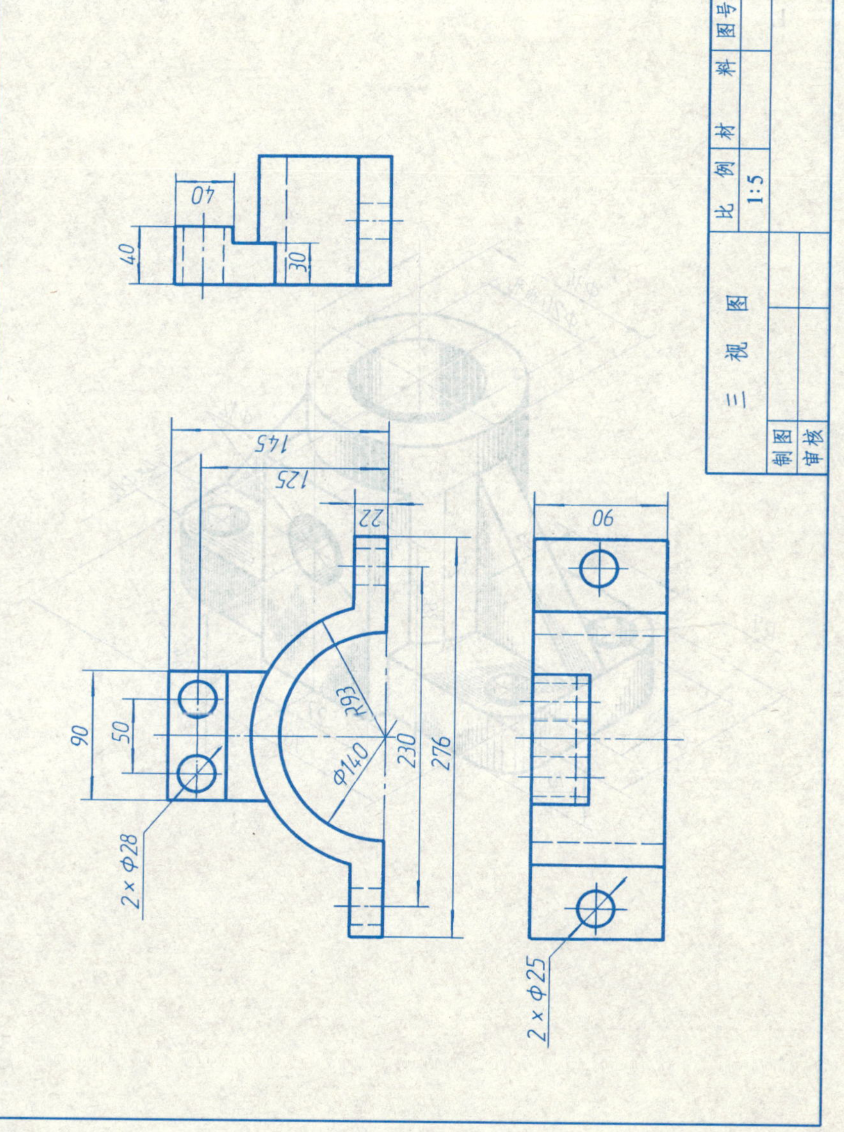

班级　　　　姓名　　　　学号

5-10 根据轴测图画三视图，并标注尺寸(任作其一，比例为1:1，用A4图纸)。

1.

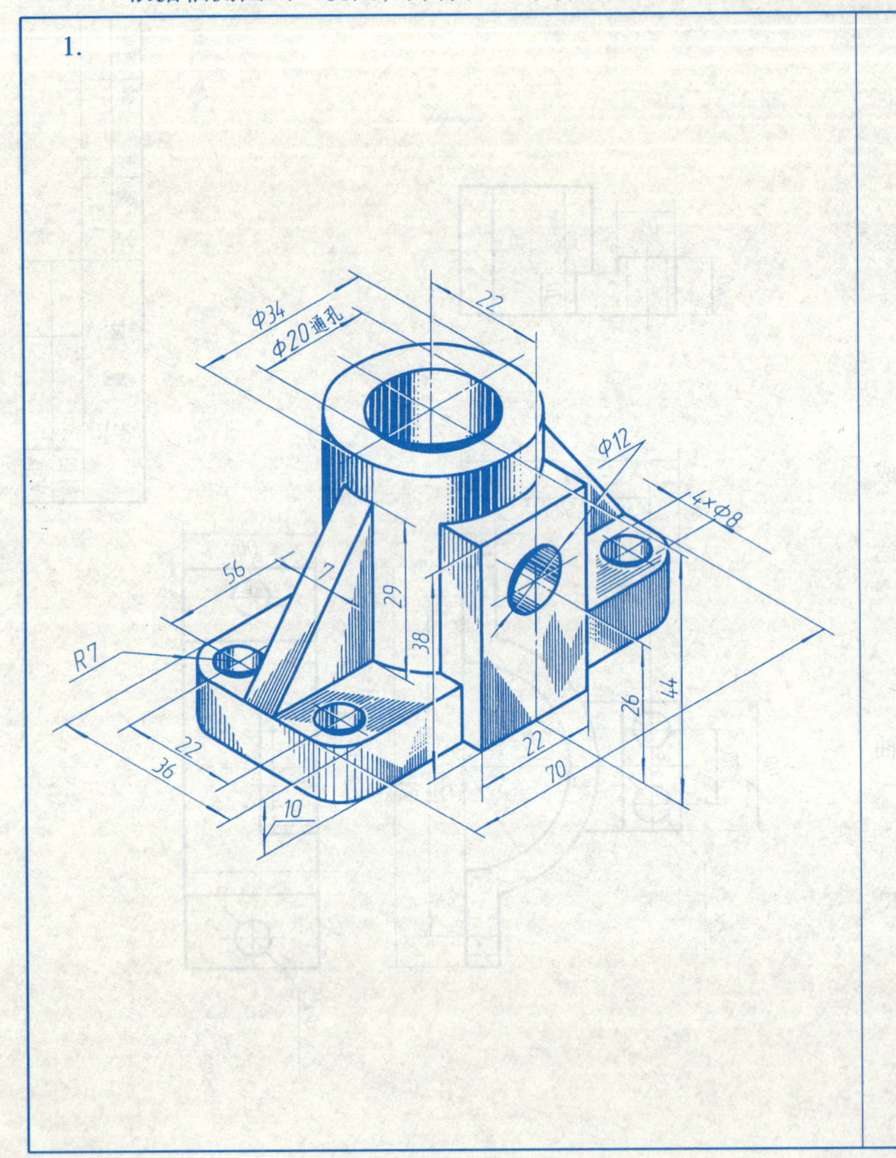

2.

班级 姓名 学号

5-11 续前页（比例为1:1，用A3图纸）。

5-12　补画视图中所缺的图线。

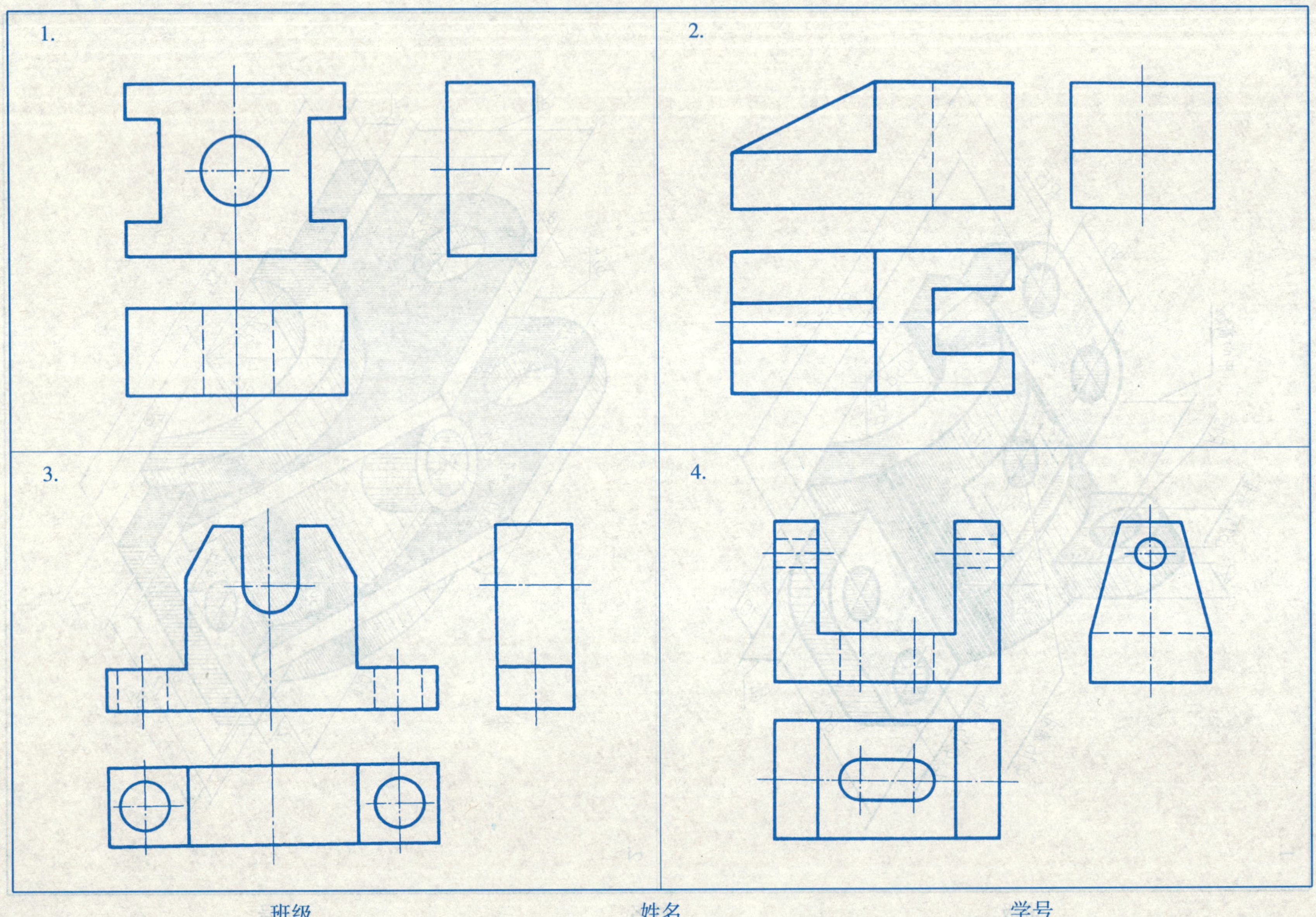

班级　　　　　　　　　　　　姓名　　　　　　　　　　　　学号

5-13 根据主、俯两视图，补画左视图。

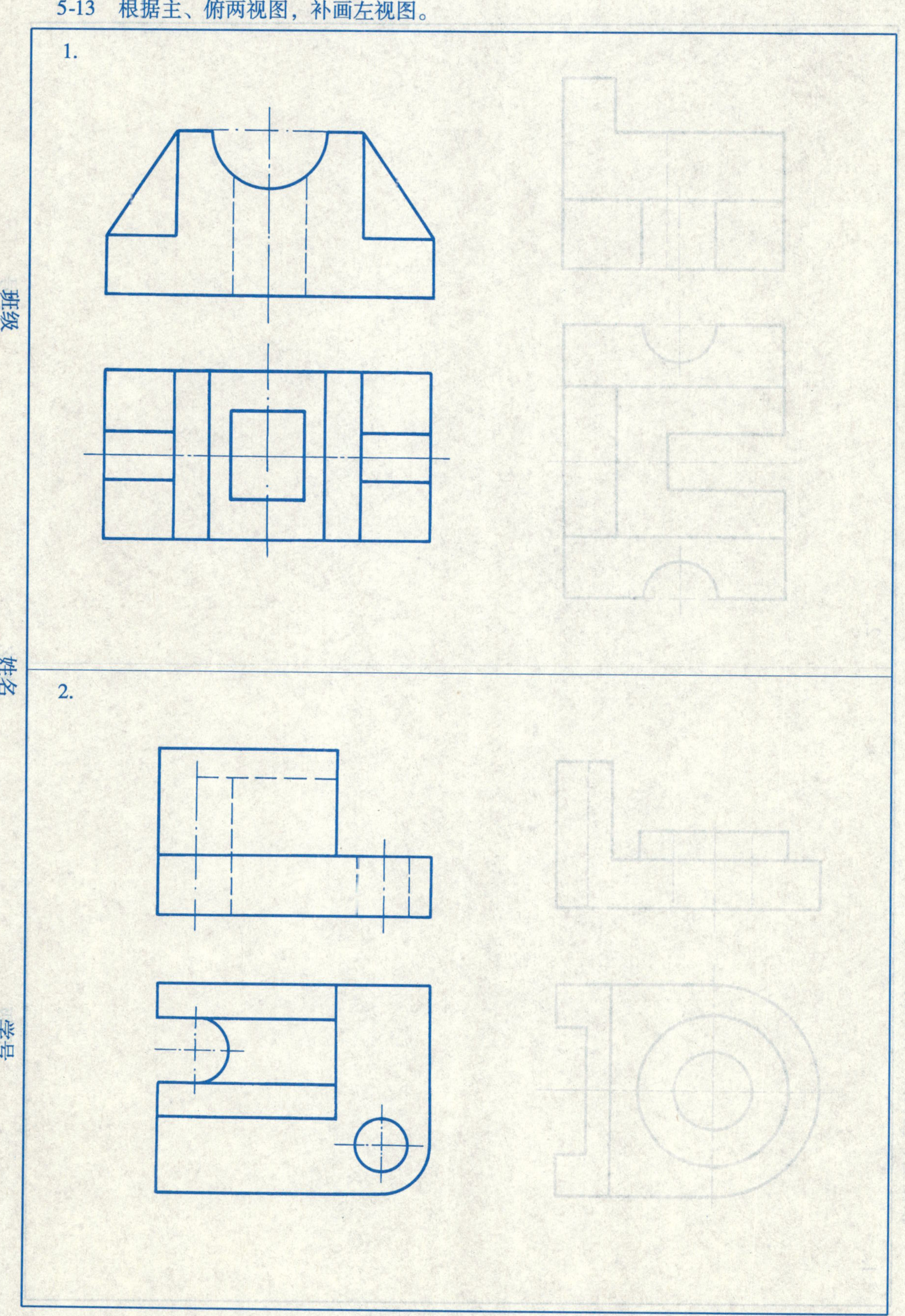

班级 姓名 学号

5-14　根据主、左视图，补画俯视图。

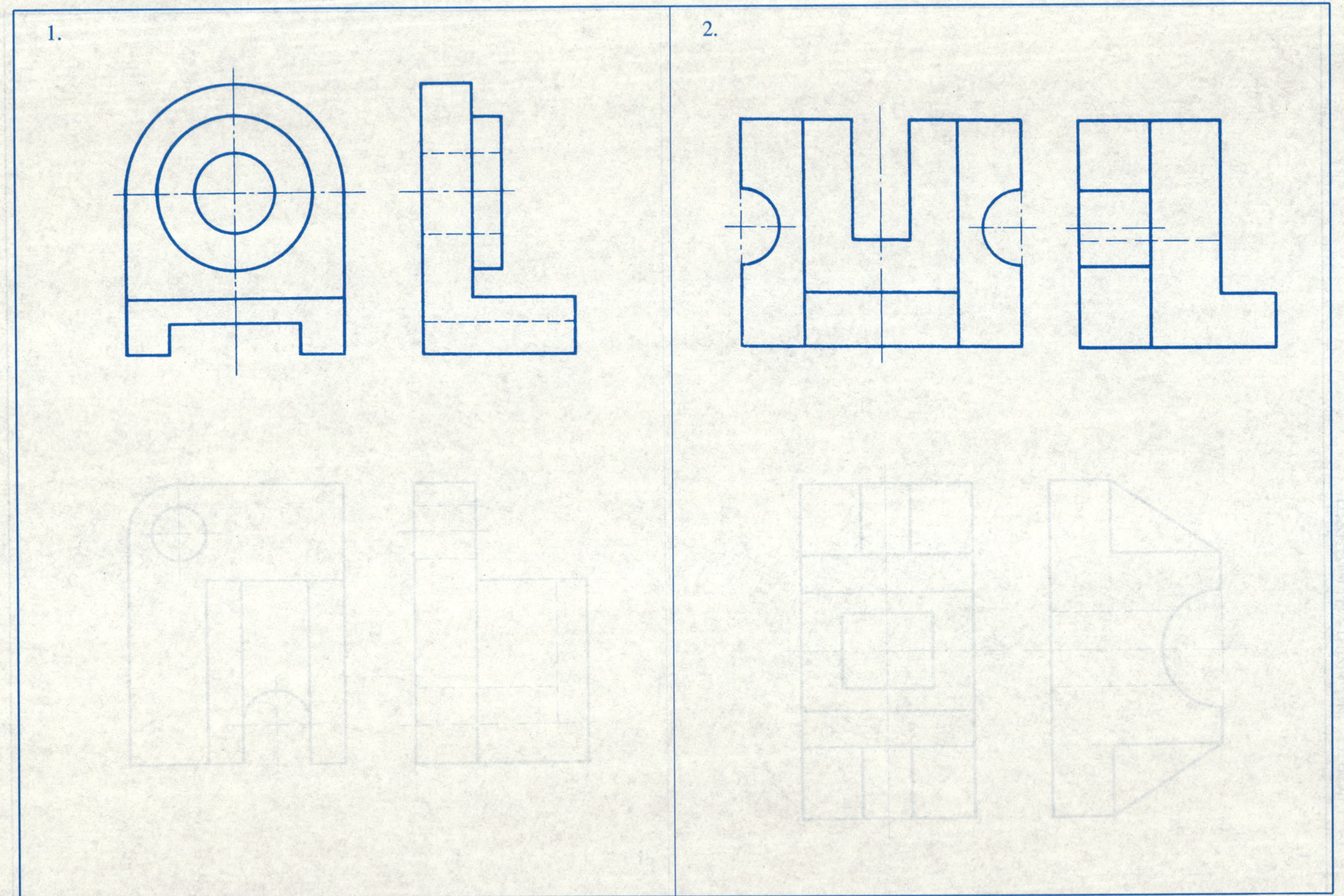

班级　　姓名　　学号

5-15 根据俯、左视图，补画主视图。

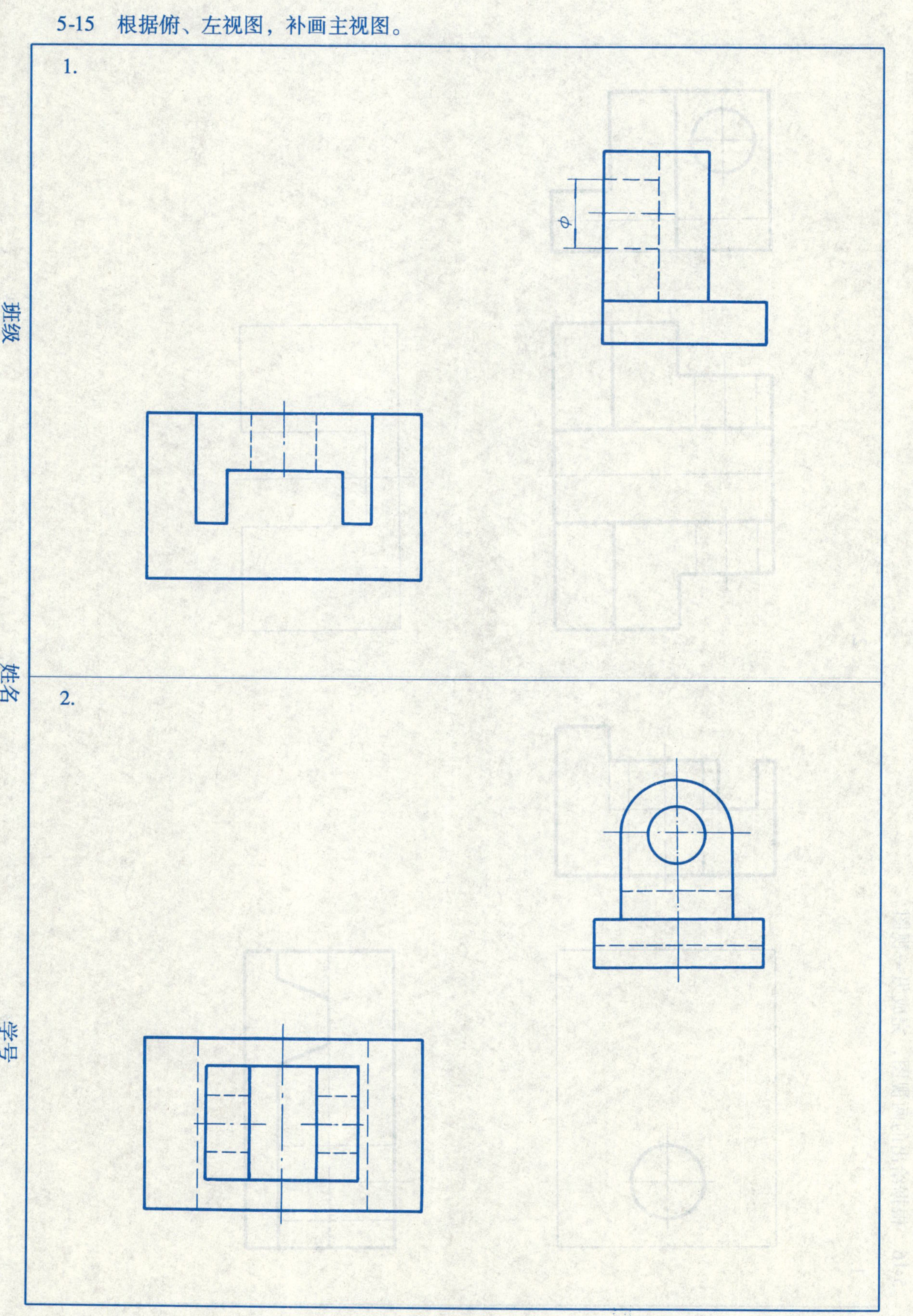

班级 姓名 学号

5-16　根据给出的两视图，完成另一视图。

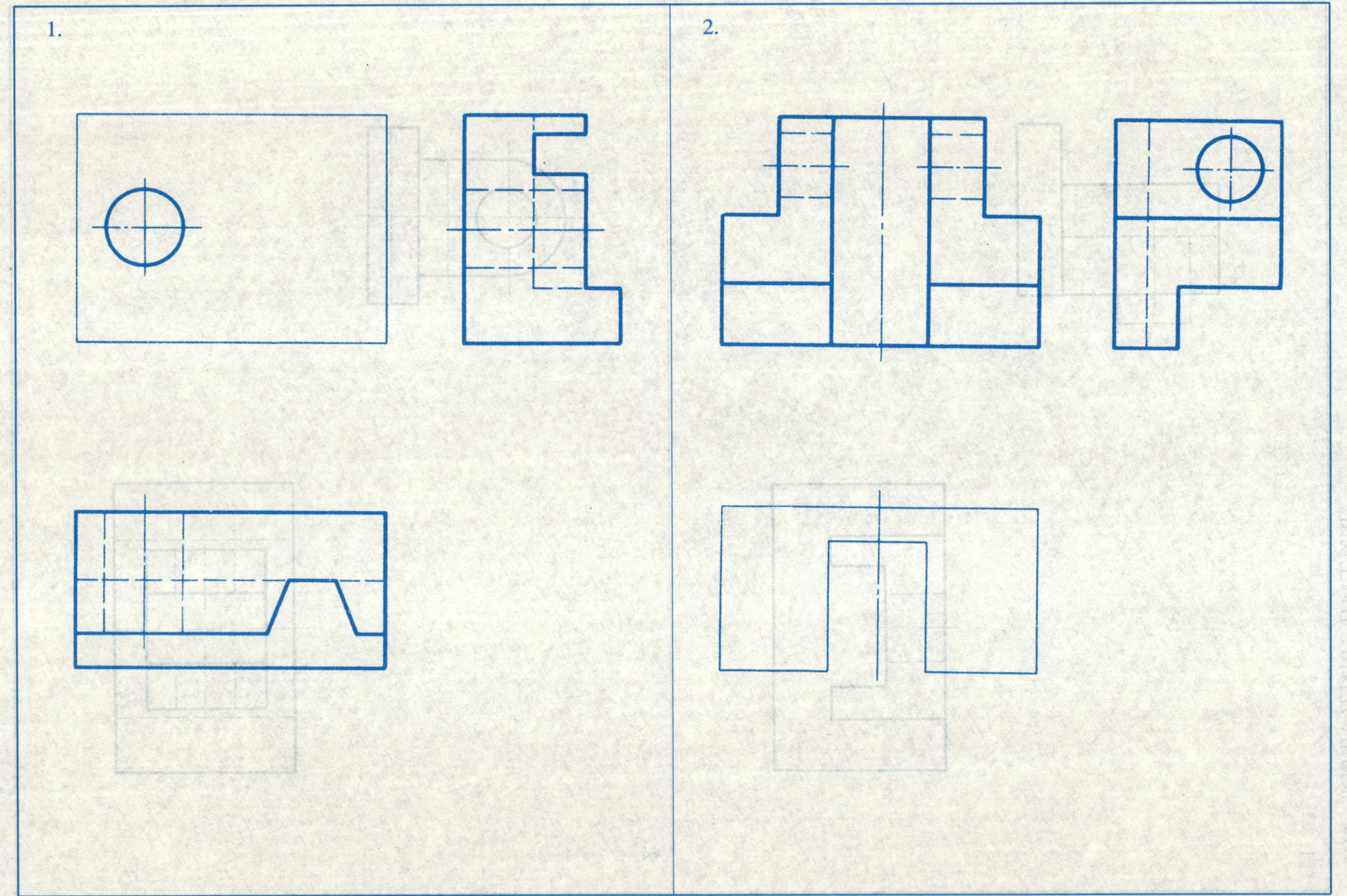

班级　　　　　　　　姓名　　　　　　　　学号

5-17　补画视图中所缺的图线。

班级　　　　姓名　　　　学号

5-18 补画视图中所缺的图线。

班级 姓名 学号

5-19 根据主、左视图，补画俯视图。

班级 姓名 学号

5-20　根据主、俯视图，补画左视图。

1.

2.

3.

4.

班级　　姓名　　学号

5-21　根据两视图，补画所缺的第三视图。

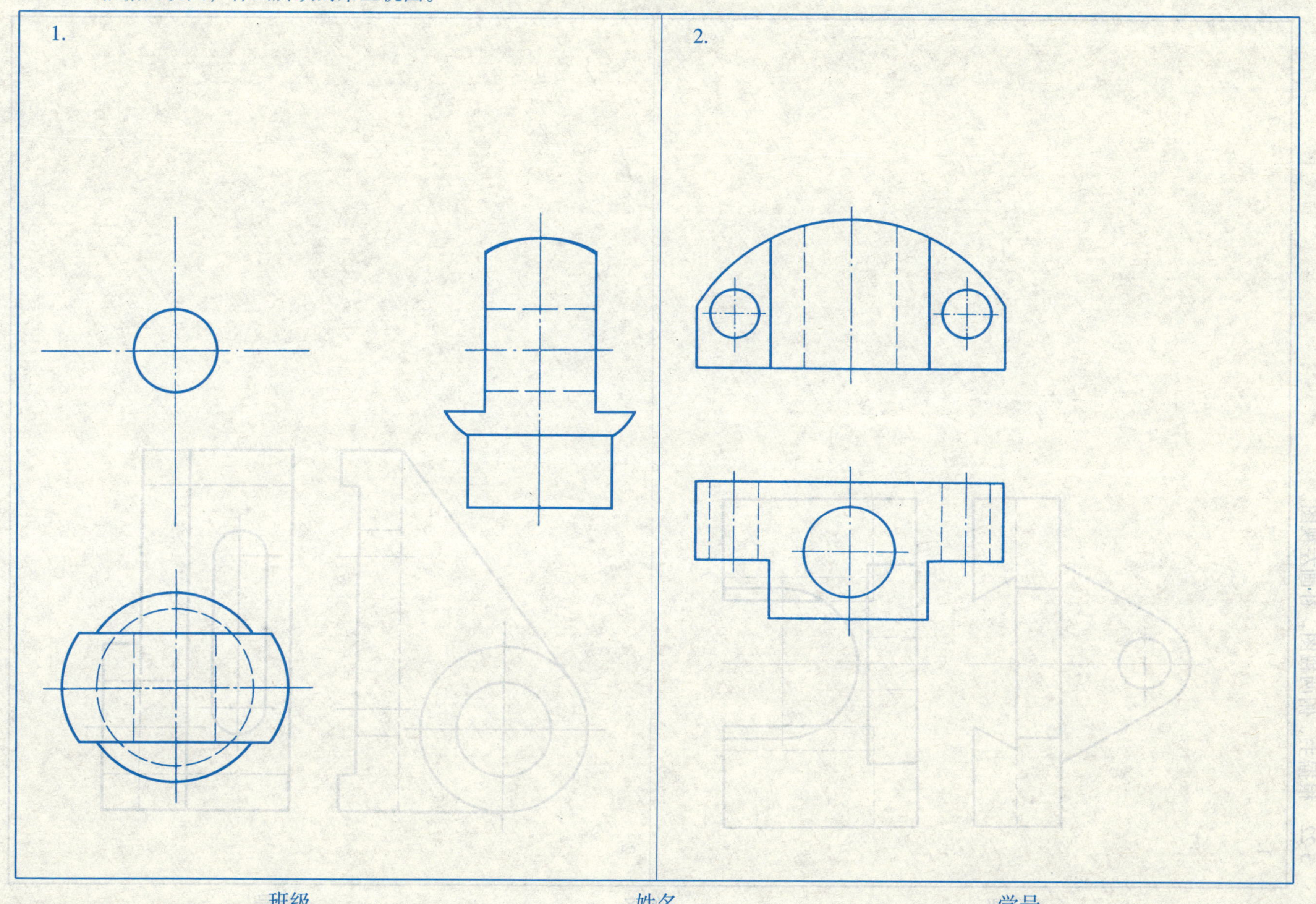

班级　　　　　　　　　　姓名　　　　　　　　　　学号

5-22 根据主、俯两视图，补画左视图。

5-23　根据主、俯两视图，补画左视图。

1.

2.

班级　　　　姓名　　　　学号

六、机件的表达方法　6-1　根据主、俯、左三视图，补画右、后、仰三视图(题 2 要求徒手绘制,并勾画出物体的正等测)。

班级　　　　姓名　　　　学号

6-2　根据三视图、补画右、后、仰视图。

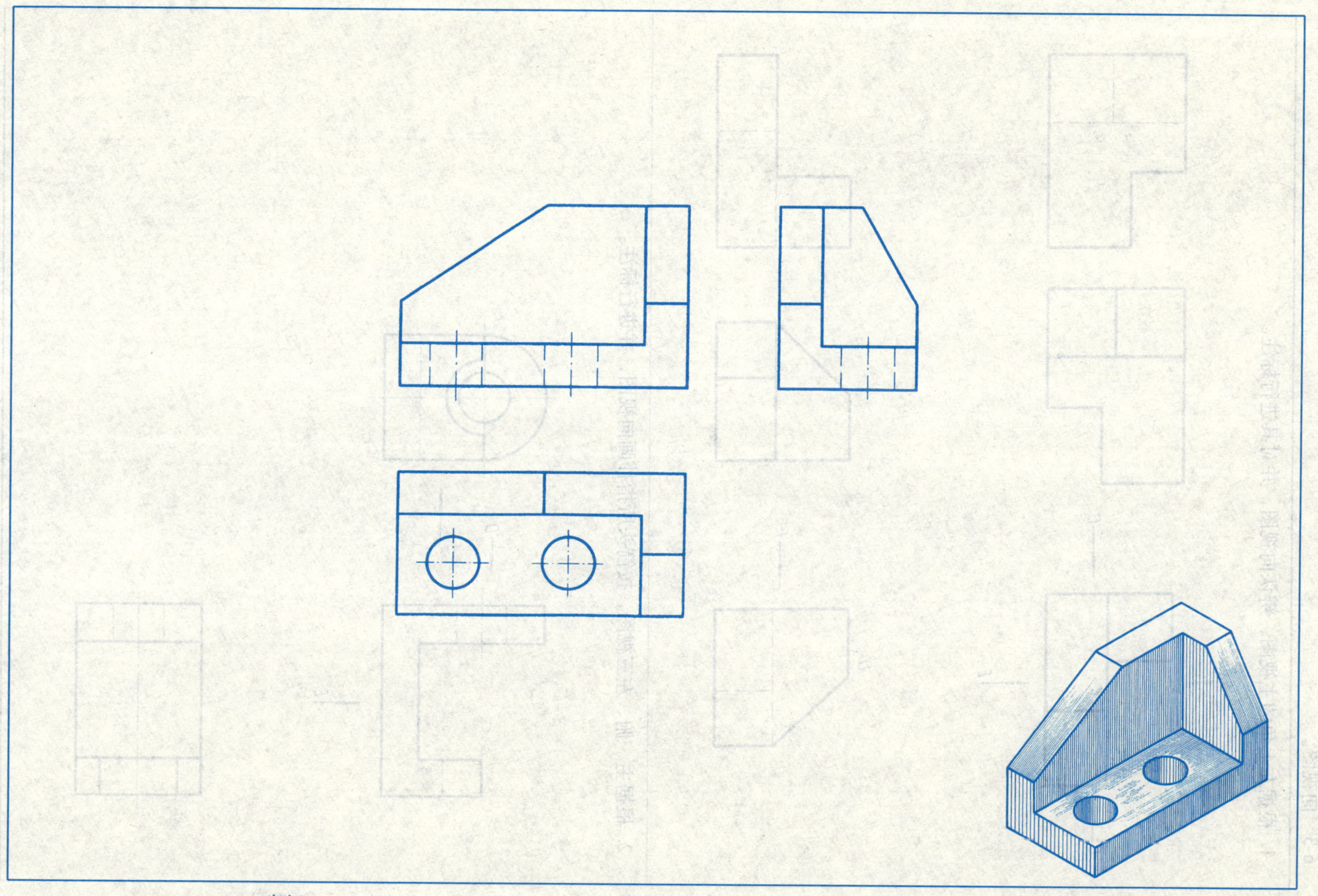

班级　　　　　　　　　　　　姓名　　　　　　　　　　　　学号

6-3 向视图。

1. 根据左上角的主视图，辨认向视图，并对其进行标注。

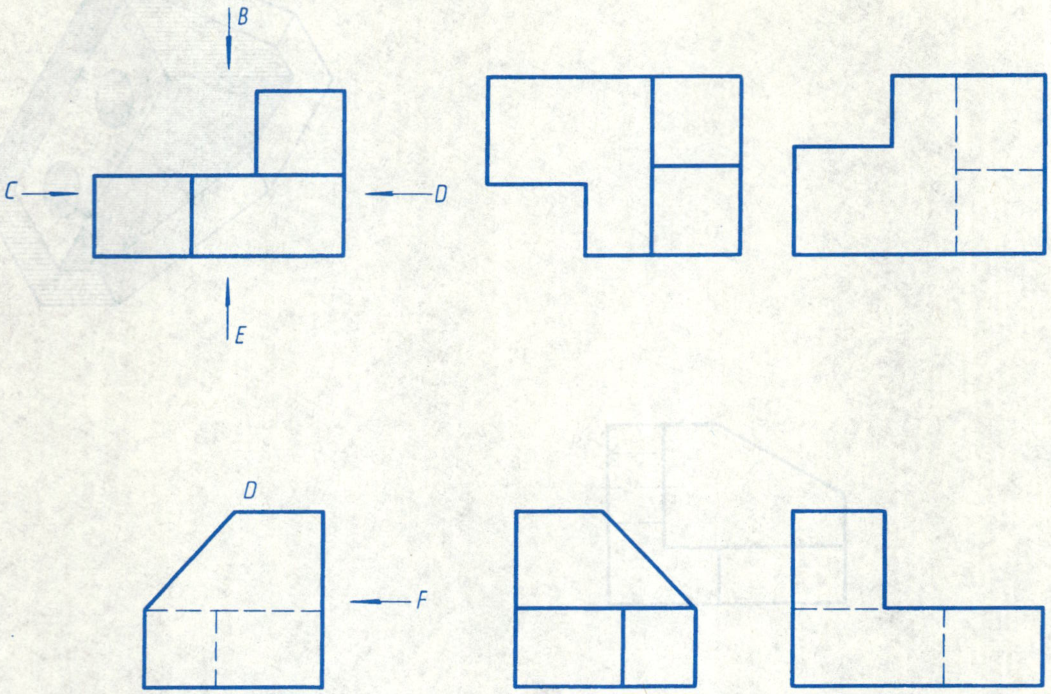

B C D E

D F

2. 根据主、俯、左三视图，按箭头所指补画向视图，并进行标注。

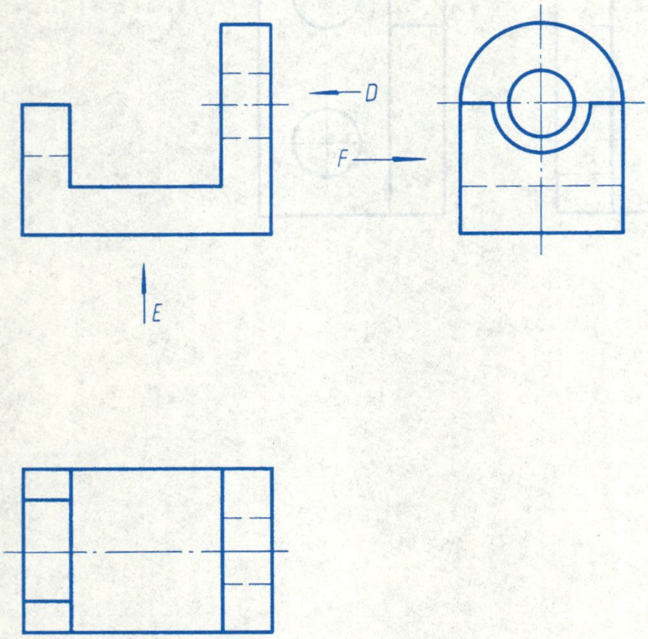

D F E

6-4 局部视图和斜视图。

1. 根据主视图和轴测图，补画局部视图和斜视图，将机件形状表达清楚（比例为1:1）。

2. 根据主视图和轴测图，徒手补画局部视图，将机件形状表达清楚。

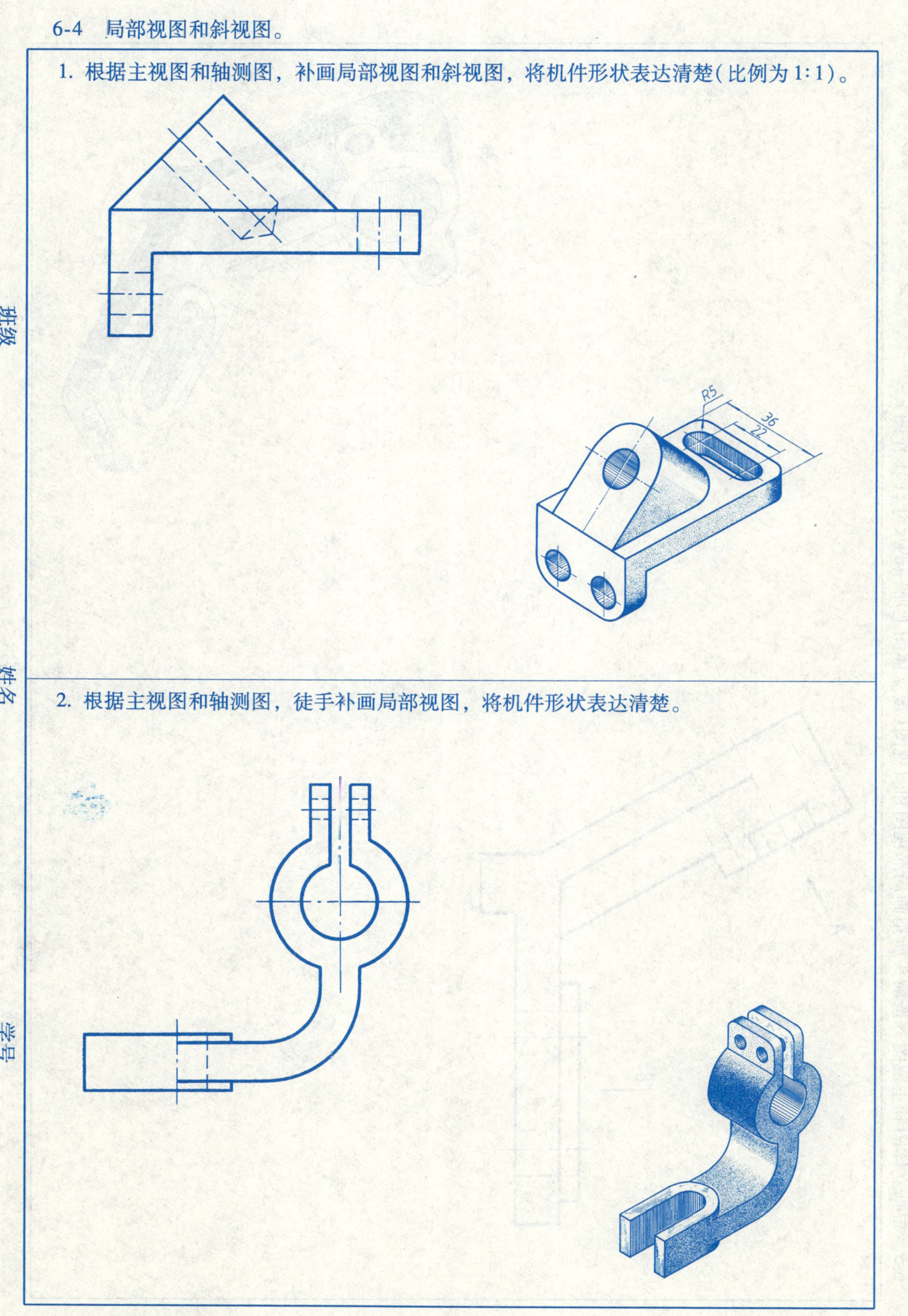

班级　　　　姓名　　　　学号

6-5　根据立体图和主视图，按箭头所指画局部视图和斜视图(按立体图上所注的尺寸,1∶1 作图)。

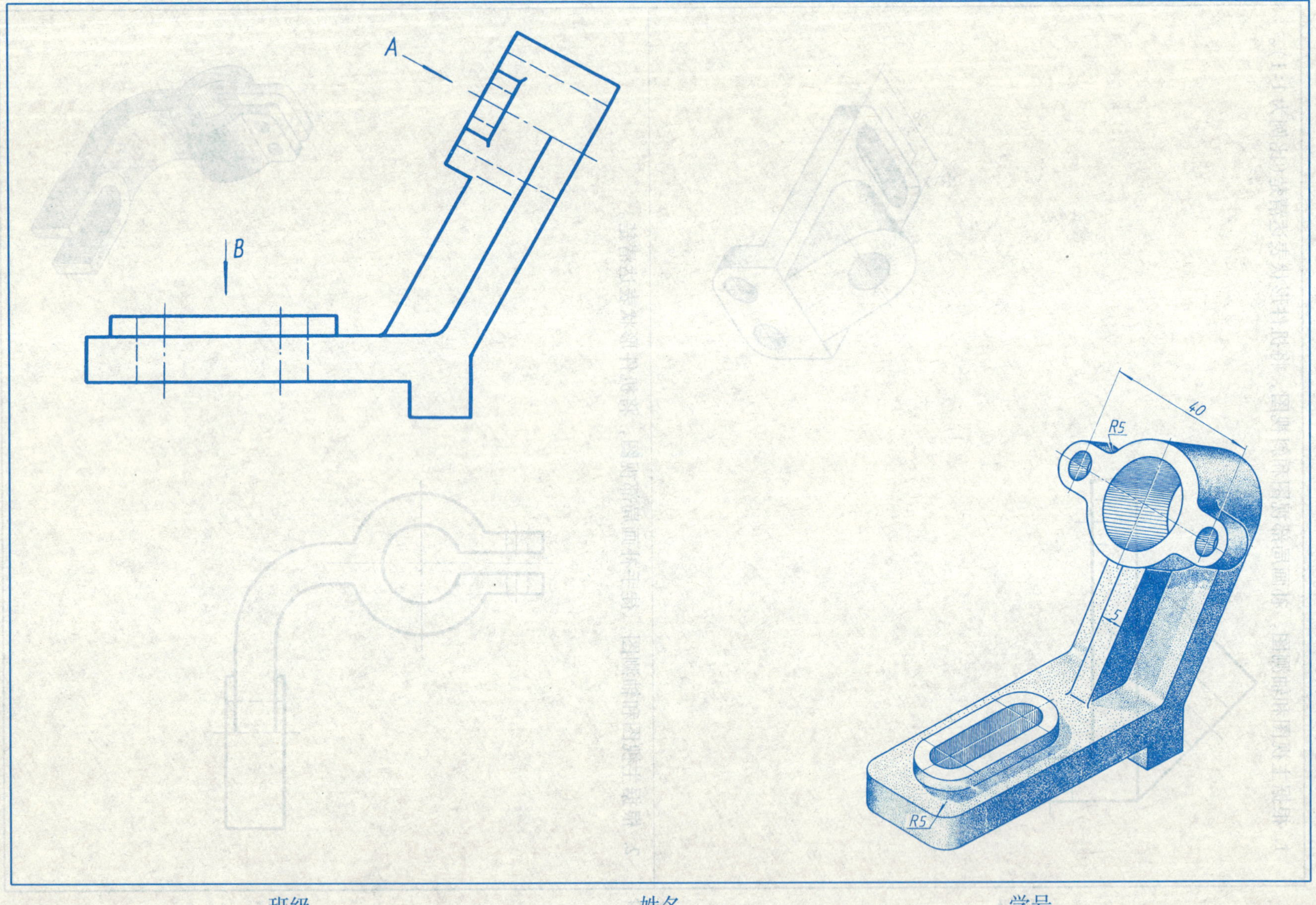

班级　　　　　　姓名　　　　　　学号

6-6　剖视图。

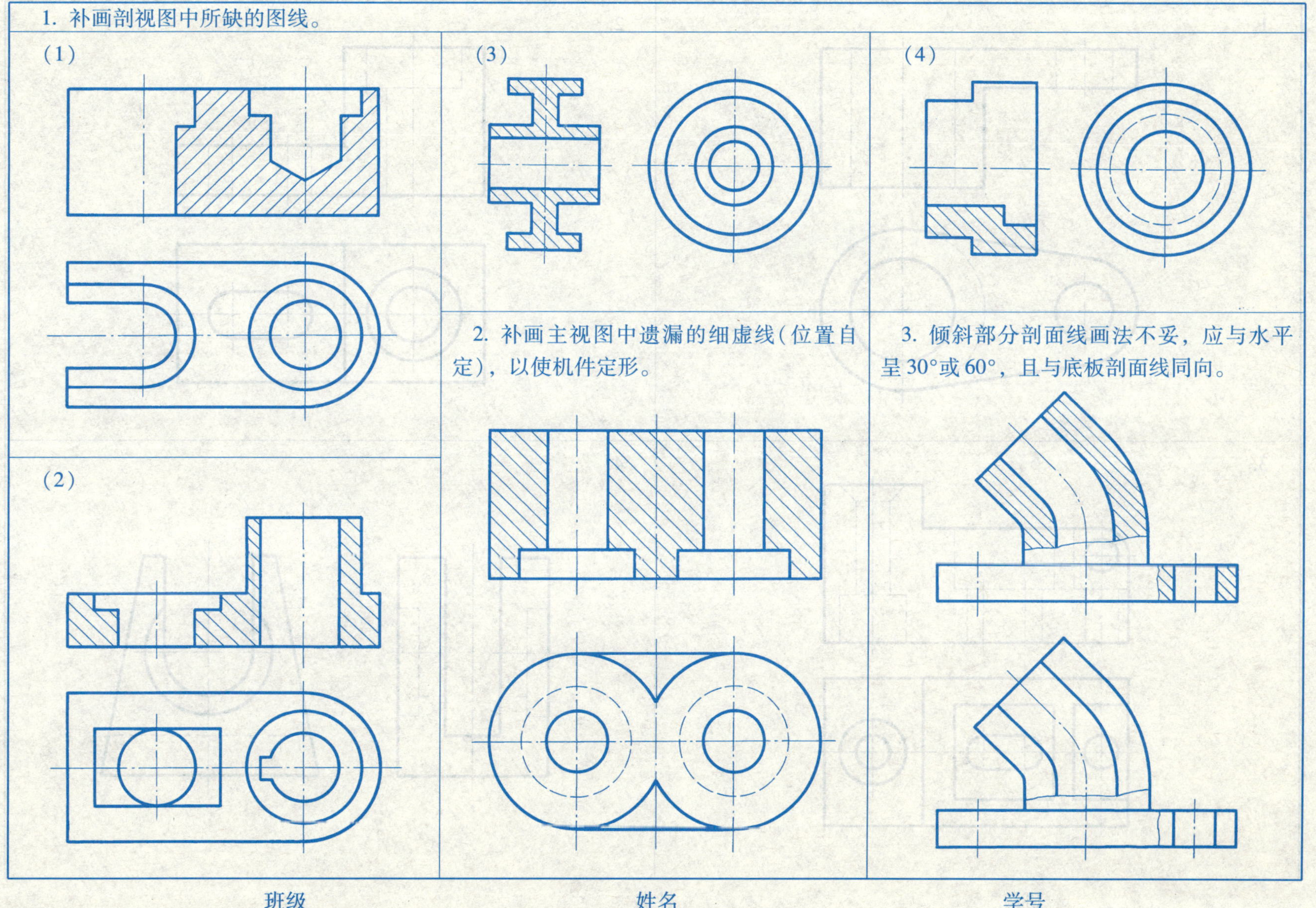

班级　　　　　　　　　　姓名　　　　　　　　　　学号

6-7 将主视图徒手改画成全剖视图。

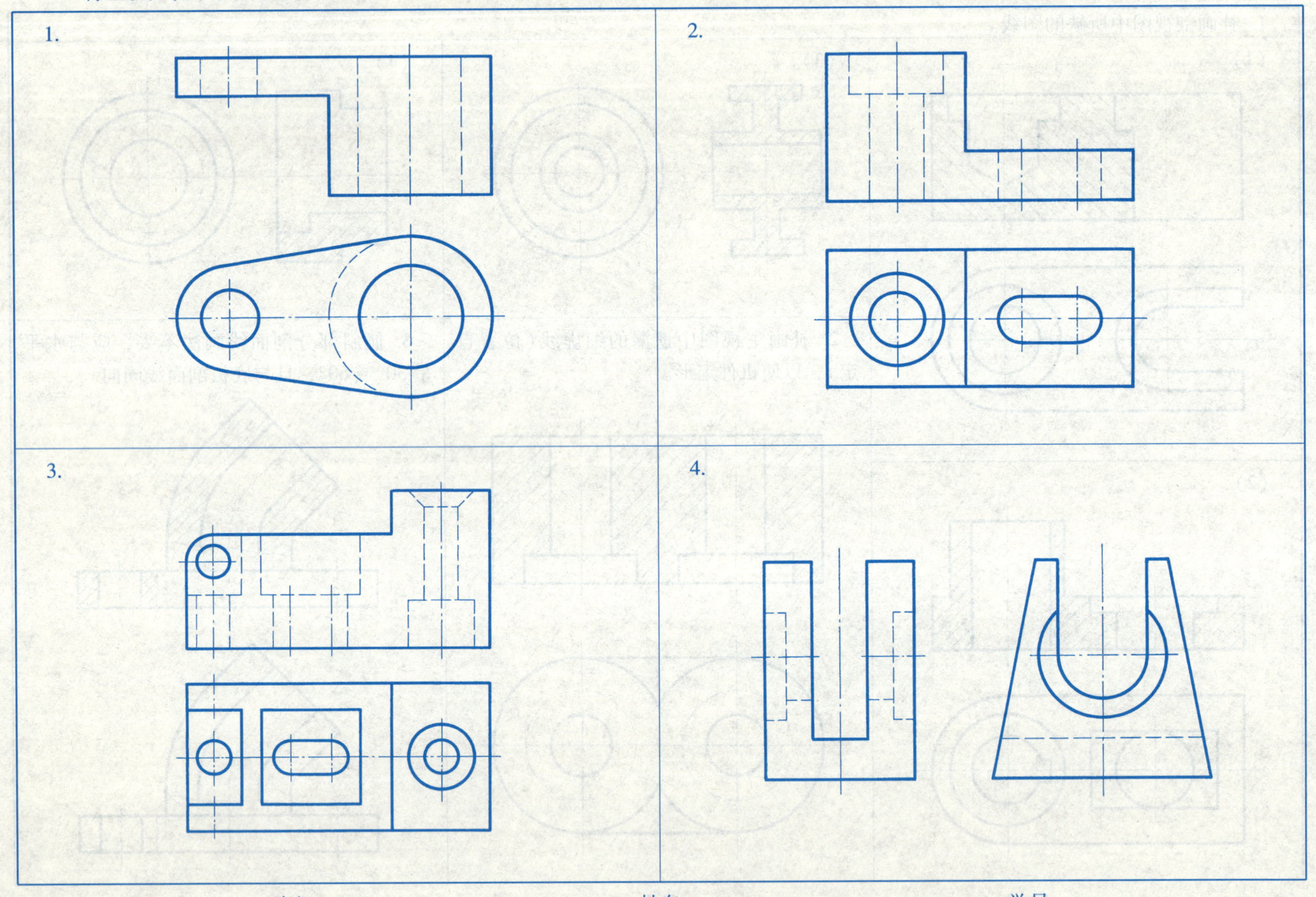

班级 姓名 学号

6-8　全剖视图。

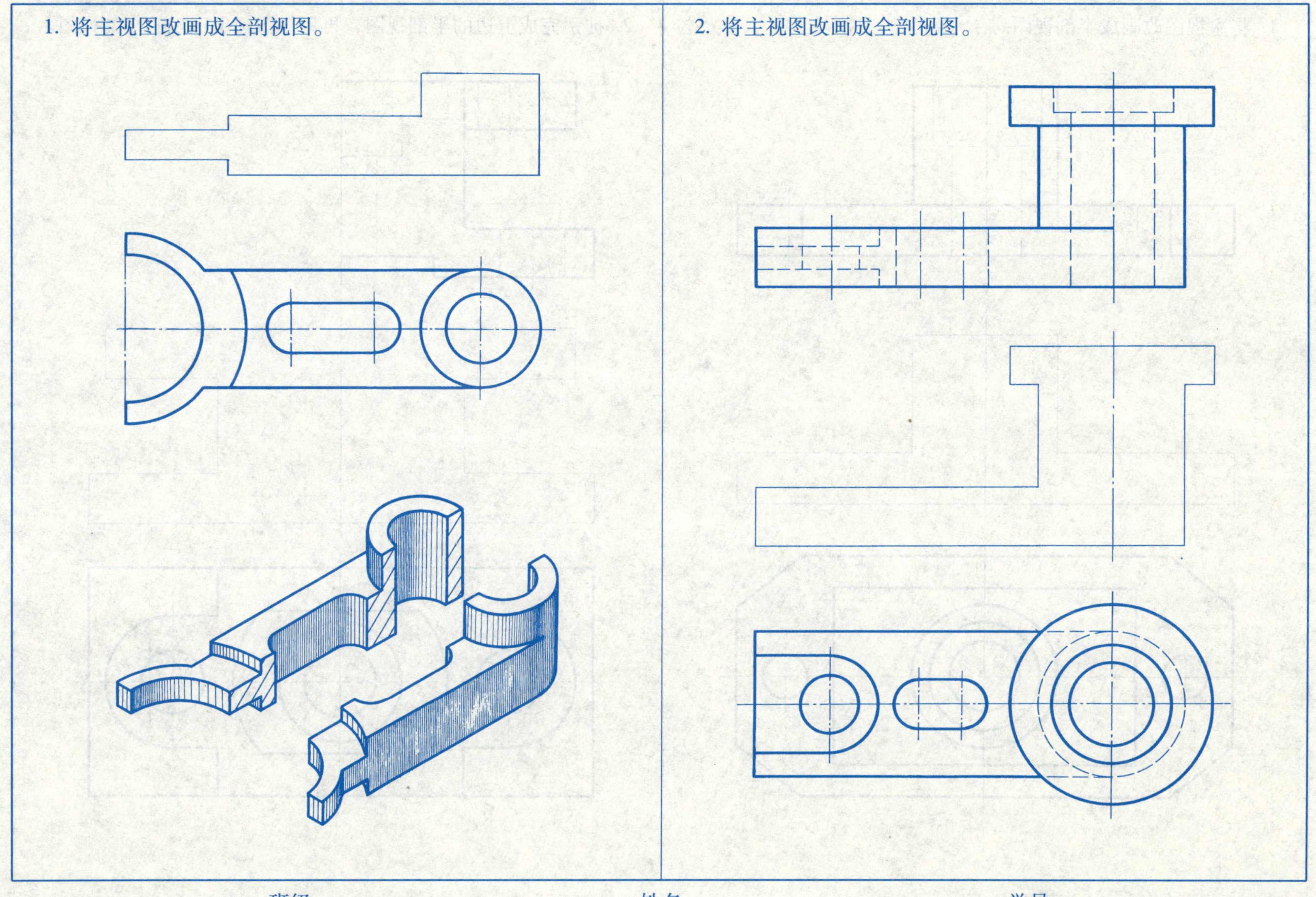

班级　　　　姓名　　　　学号

6-9　半剖视图。

1. 将主视图改画成半剖视图。

2. 徒手完成上边的半剖视图，再用仪器画出正规的半剖视图。

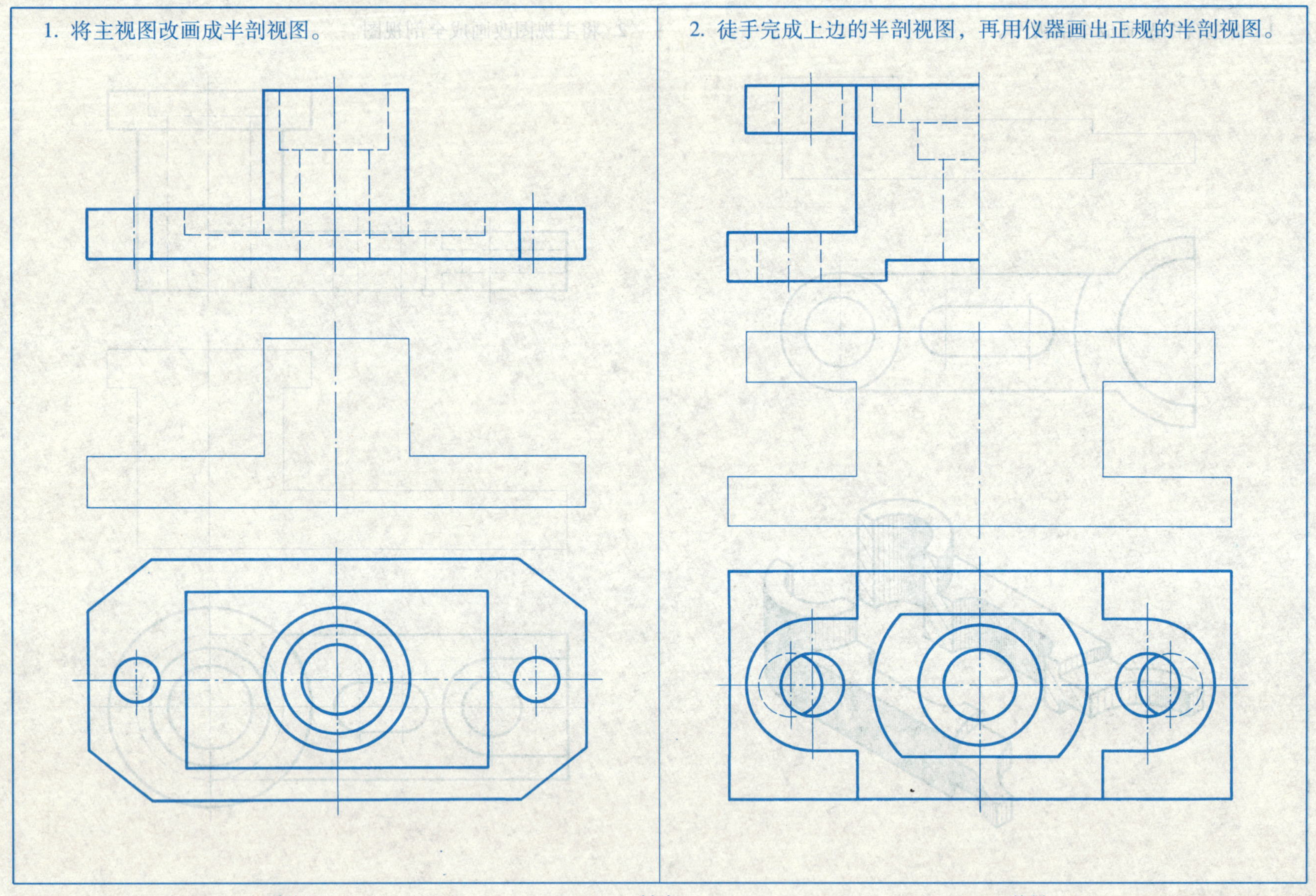

班级　　　　姓名　　　　学号

6-10　全剖视图、半剖视图。

1. 画 *C*—*C* 全剖视图。

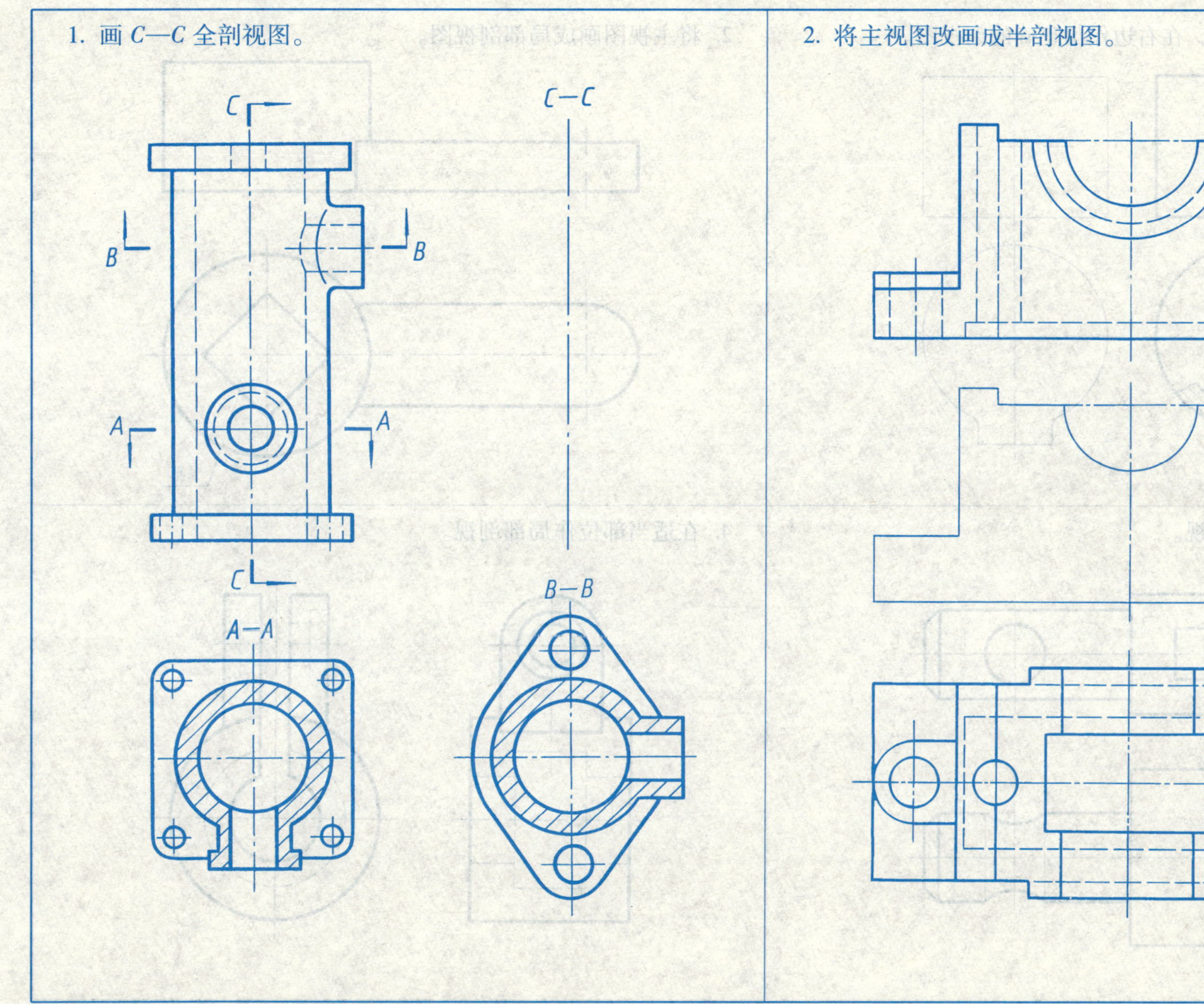

2. 将主视图改画成半剖视图。

班级　　　　姓名　　　　学号

6-11 局部剖视图。

1. 分析剖视图中的错误，在右边作出正确的剖视图。

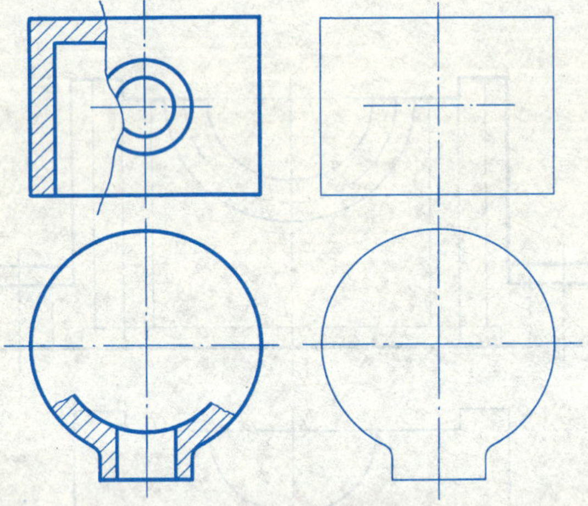

2. 将主视图画成局部剖视图。

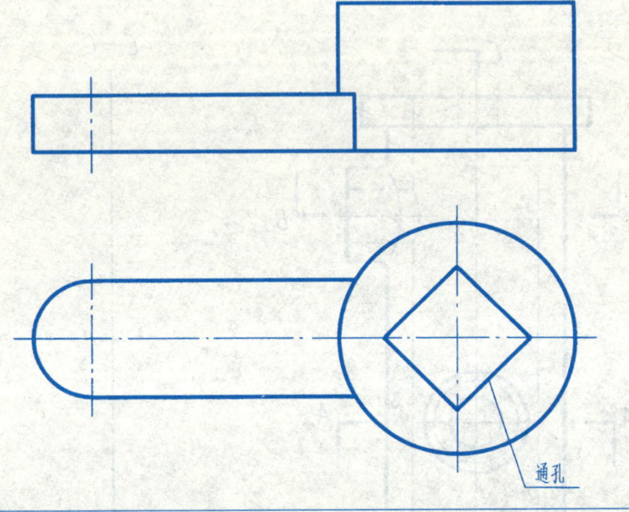

3. 在适当部位作局部剖视。

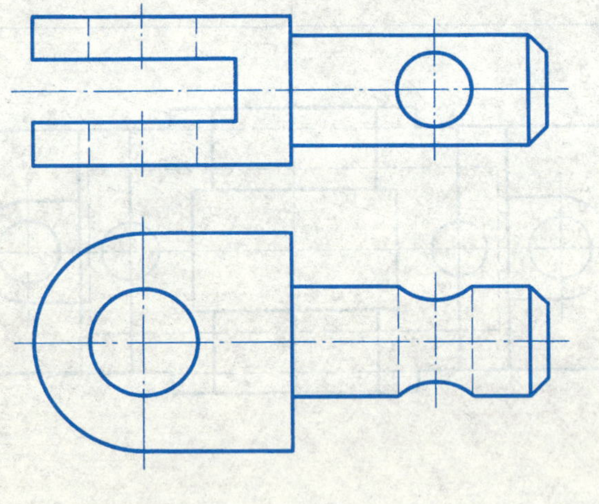

4. 在适当部位作局部剖视。

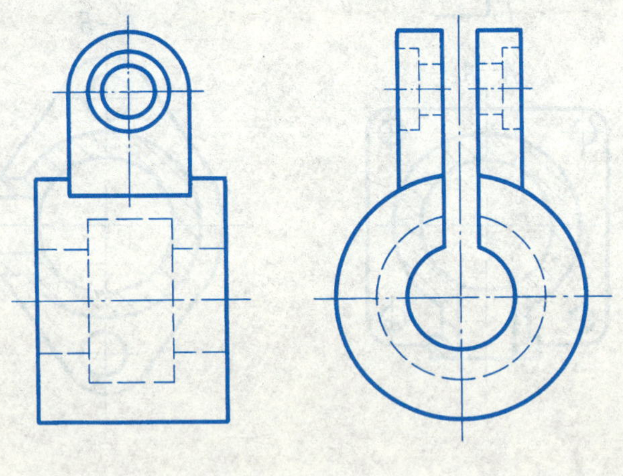

班级　　姓名　　学号

6-12 画全剖视图(用单一斜平面剖切)。

1.

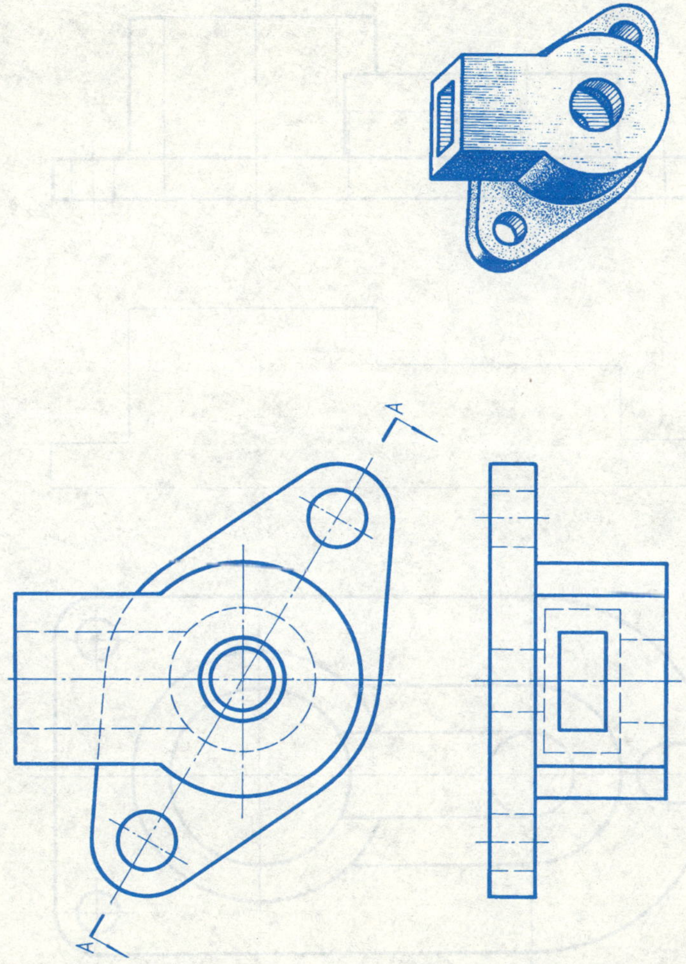

A

A

2.

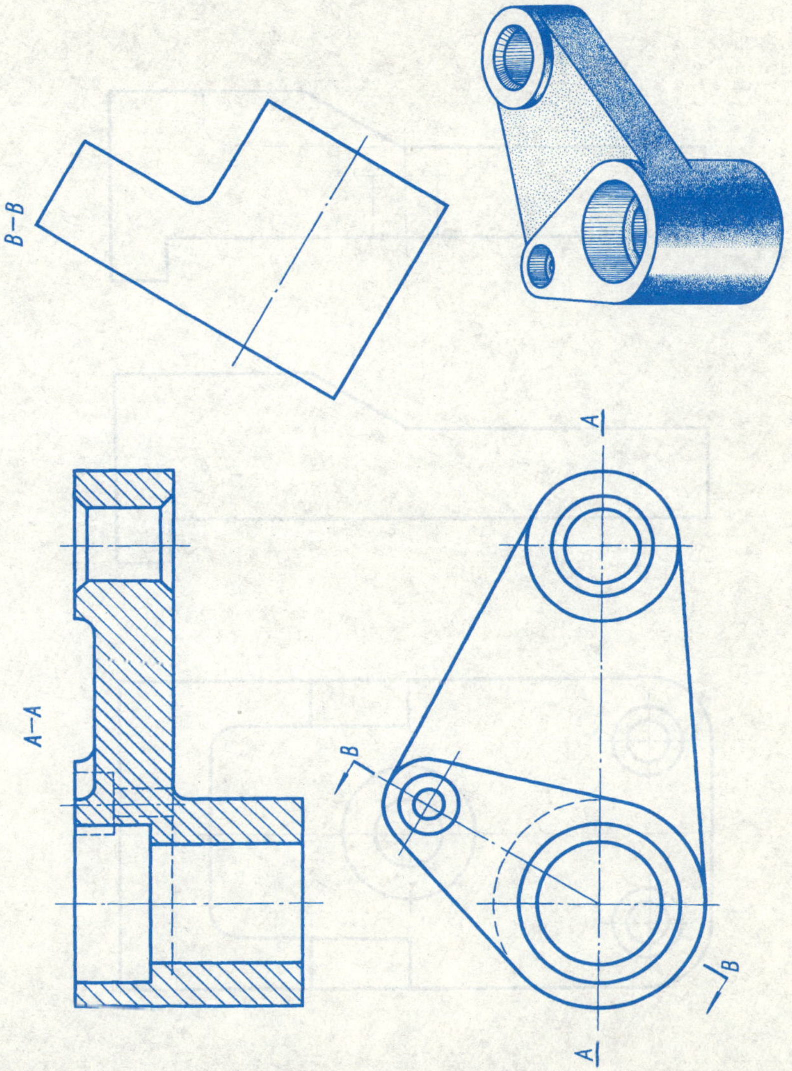

B—B

A—A

A

A

B

B

6-13 用几个平行的剖切平面，将主视图改画成剖视图，并按规定进行标注。

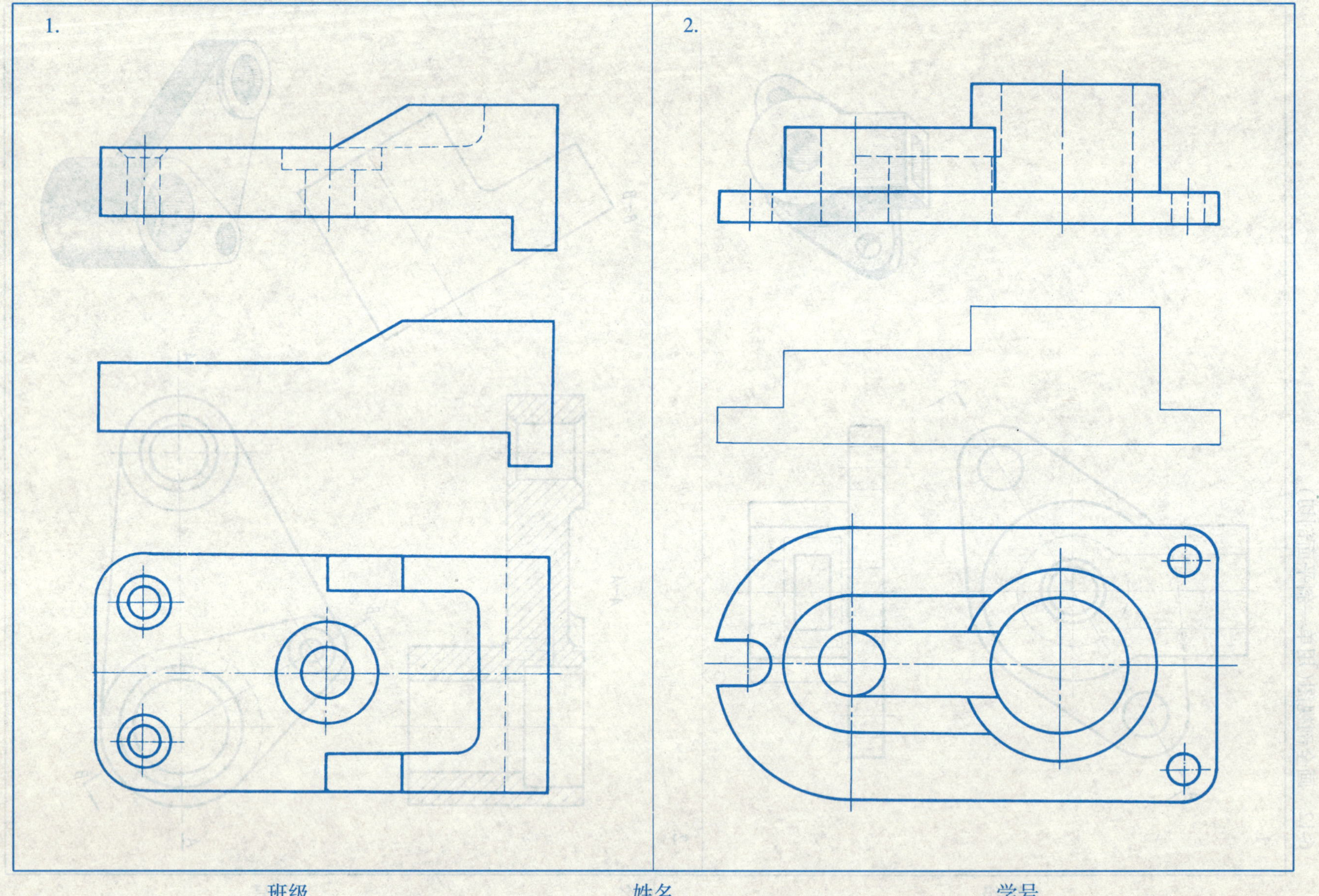

班级 姓名 学号

6-14 用几个平行或相交的剖切平面，将主视图改画成剖视图，并按规定进行标注。

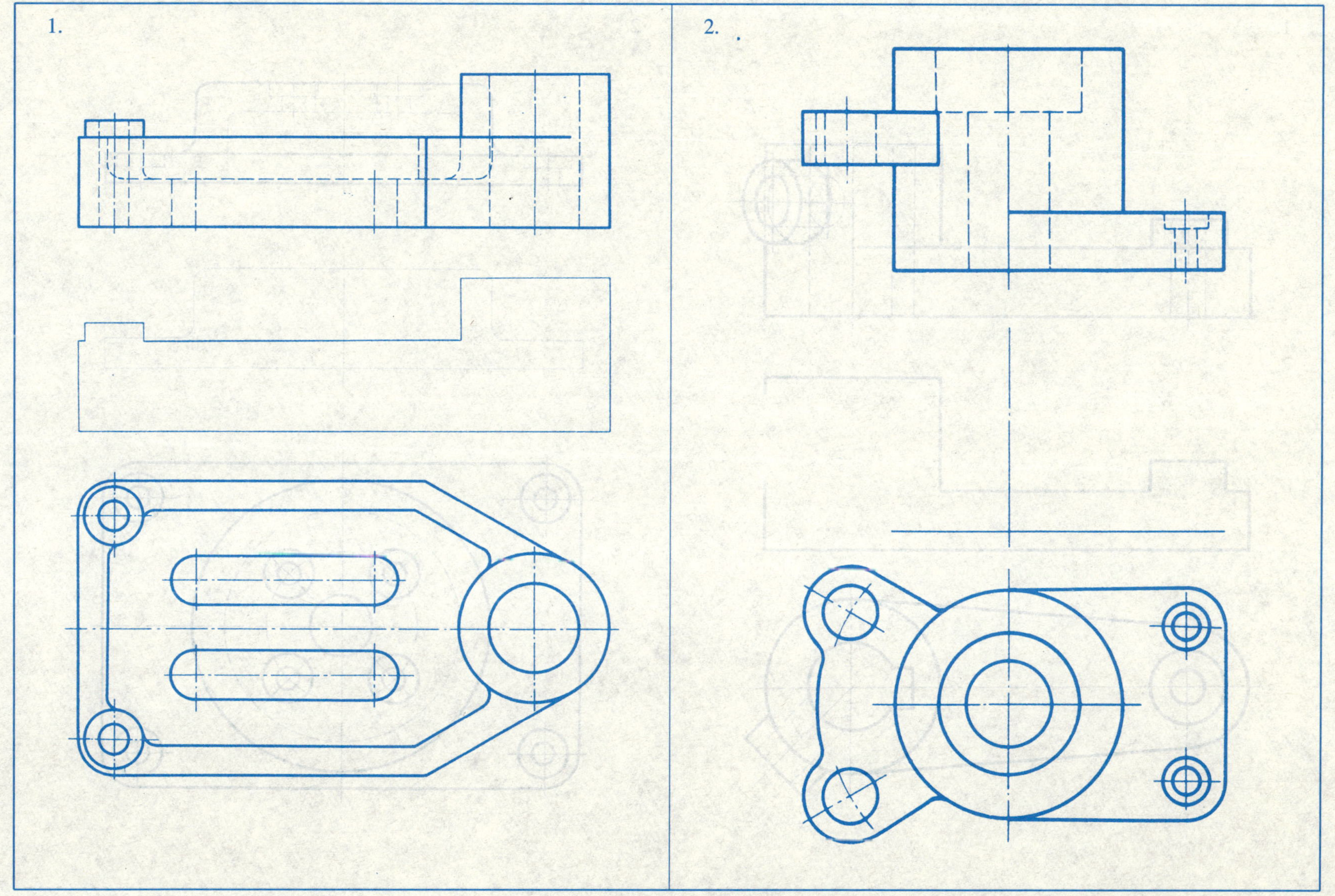

班级 姓名 学号

6-15 用相交的剖切面，将主视图改画成剖视图，并按规定进行标注。

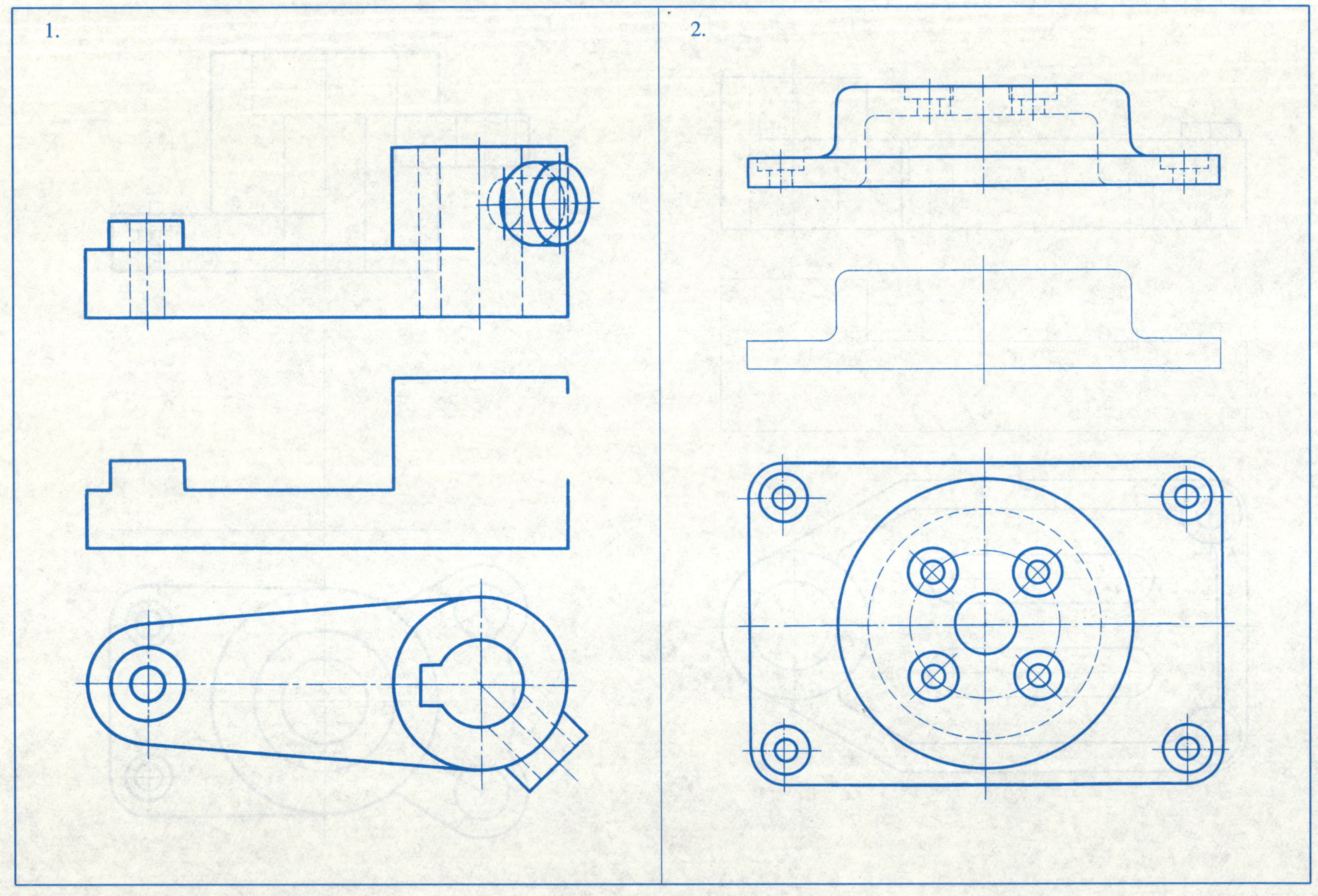

班级　　姓名　　学号

6-16 在视图下方的各断面图中选出正确的断面图形，并将其画上“✓”号。

1.

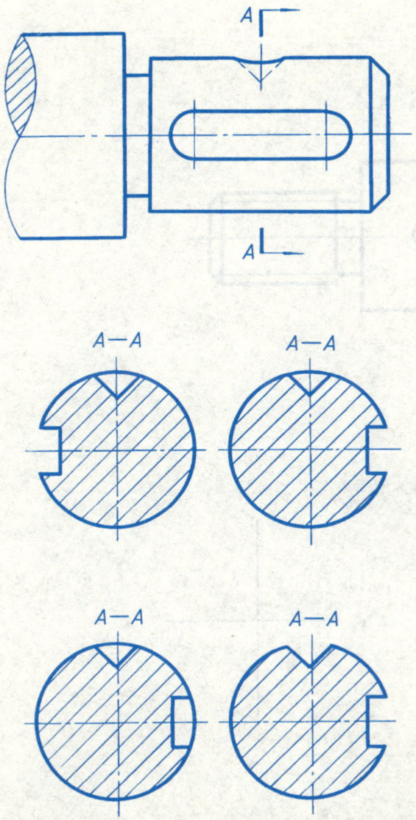

A A

A—A A—A

A—A A—A

2.

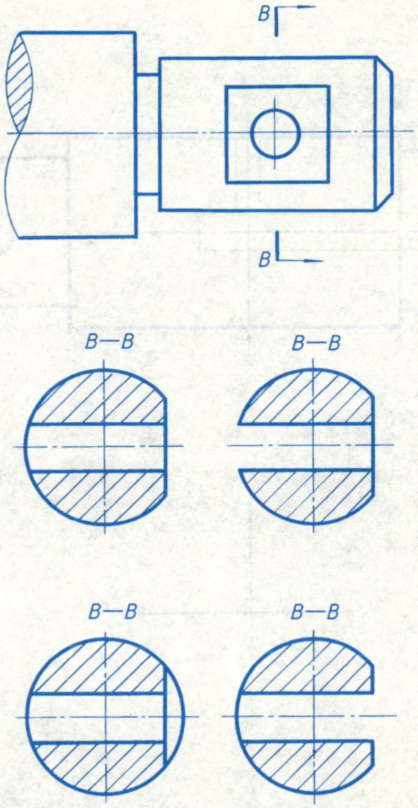

B B

B—B B—B

B—B B—B

3.

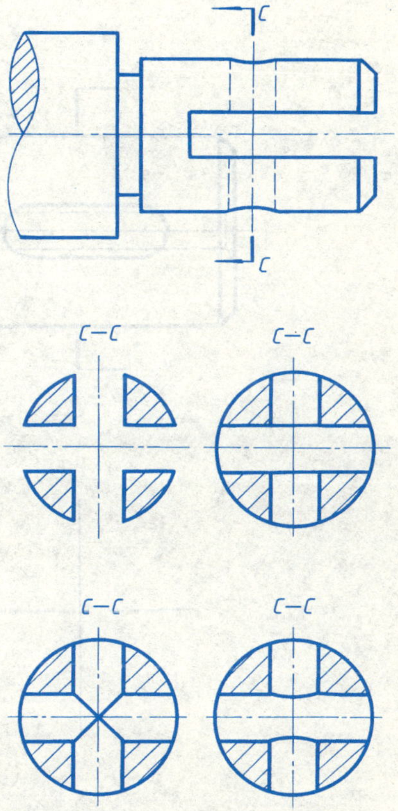

C C

C—C C—C

C—C C—C

班级 姓名 学号

6-17　在指定位置画出移出断面图(左键槽深4mm,右键槽深3.5mm)。

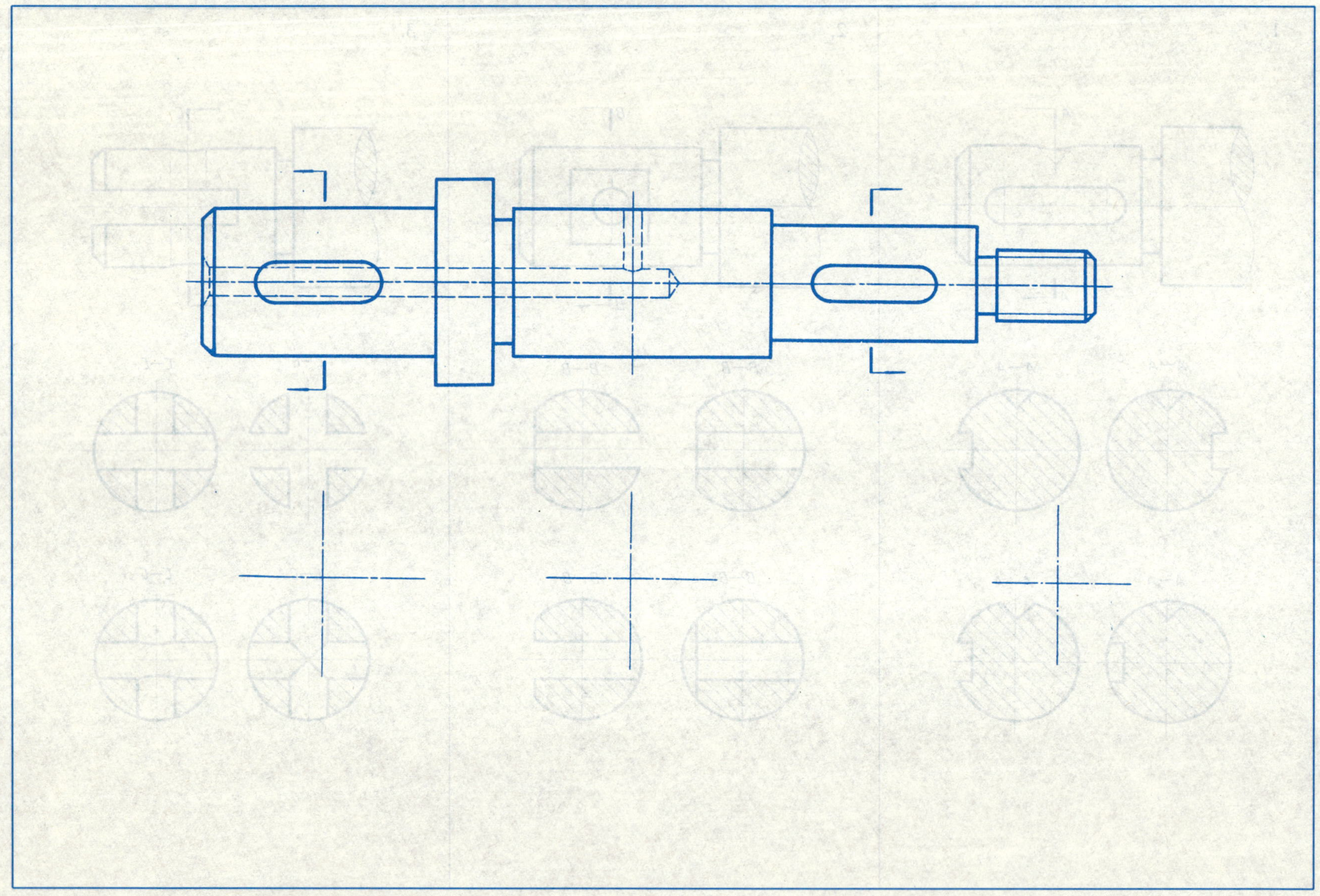

班级　　　　　　　　　　姓名　　　　　　　　　　学号

6-18 断面图。

1. 按剖切线、剖切符号的位置画断面图(主视图画重合断面图，俯视图画移出断面图)，并填空回答问题。

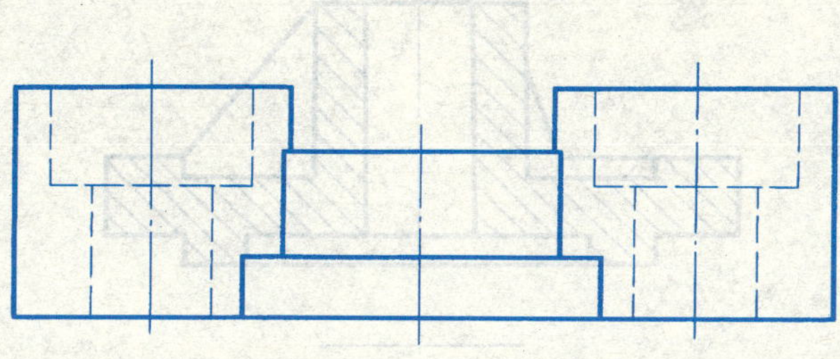

比较两个断面图可知，将同一位置的断面画在不同视图上，当图形并非完全对称时，则断面图的方位必将发生＿＿＿＿＿＿。

2. 按剖切线的位置画移出断面图。

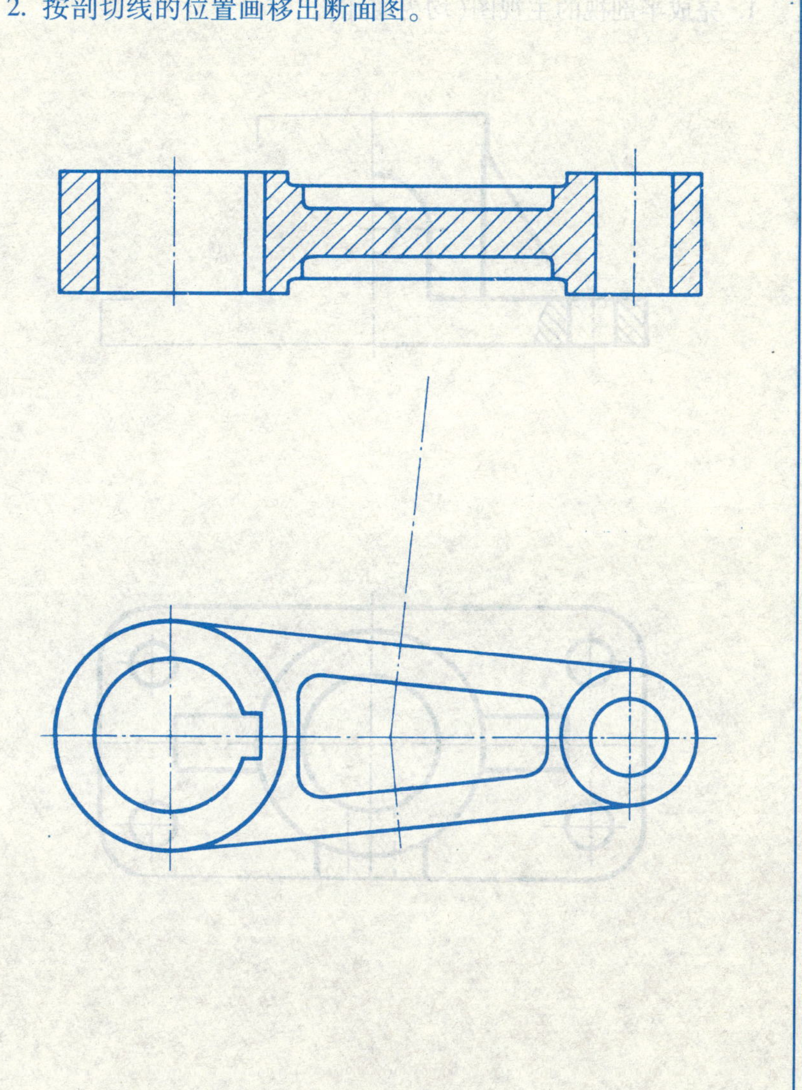

班级　　　　姓名　　　　学号

6-19 规定画法。

1. 完成半剖视的主视图(均为通孔)。

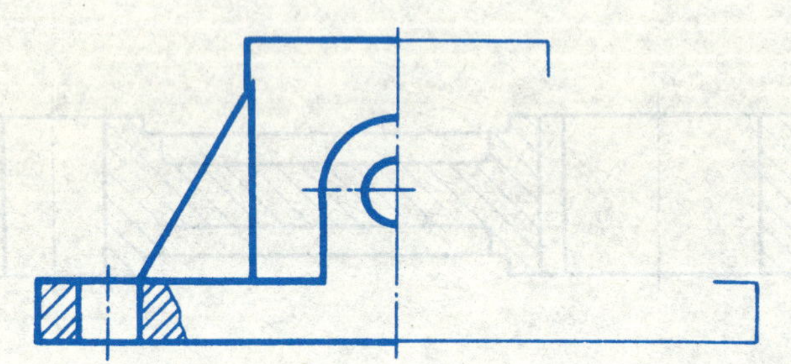

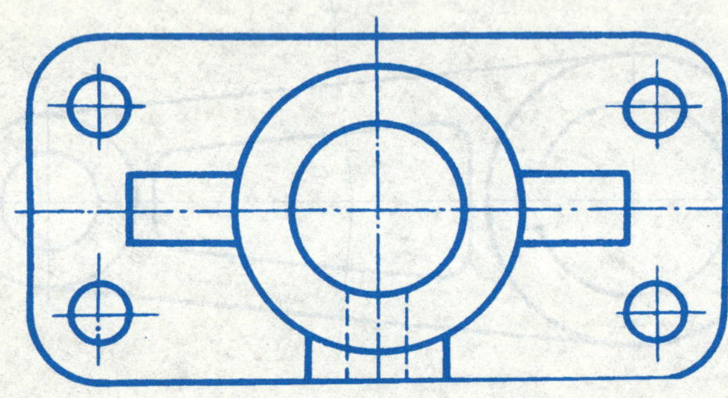

2. 将主视图改画成全剖视图。

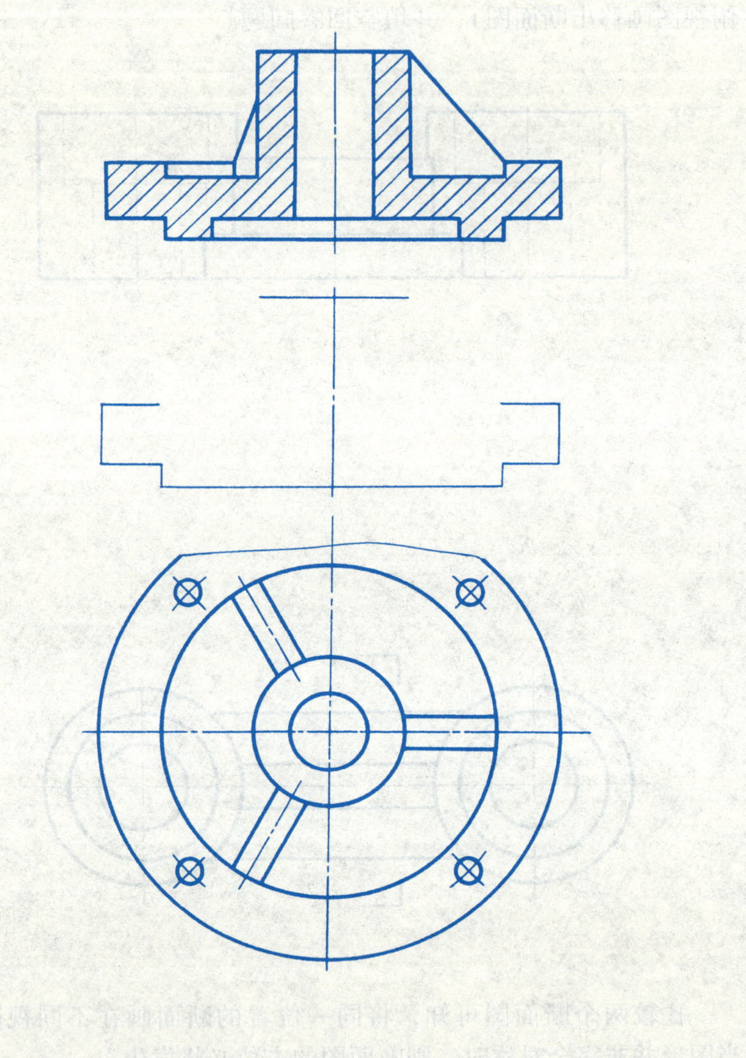

班级 姓名 学号

作业5 剖 视 图

（一）作业目的

1. 训练表达机件的能力。

2. 掌握剖视图的画法。

（二）内容与要求

1. 根据轴测图(或模型)画剖视图。

2. 用A3图纸，标注尺寸。

（三）注意事项

1. 在看清机件形状的基础上，考虑应选取哪些视图，再分析机件上哪些内部结构需要采用剖视，怎样剖切。可多考虑几种方案，再从中选优。

2. 剖视图应直接画出，不应先画视图，再将其改画成剖视图。

3. 要分清哪些剖切位置可以不标注，哪些剖切位置必须标注，要特别注意局部剖视图中波浪线的画法。

4. 各剖视图中剖面线的方向和间隔应保持一致。

（四）作业题

右图及下页的轴测图(看不清的圆、方孔均通透)。

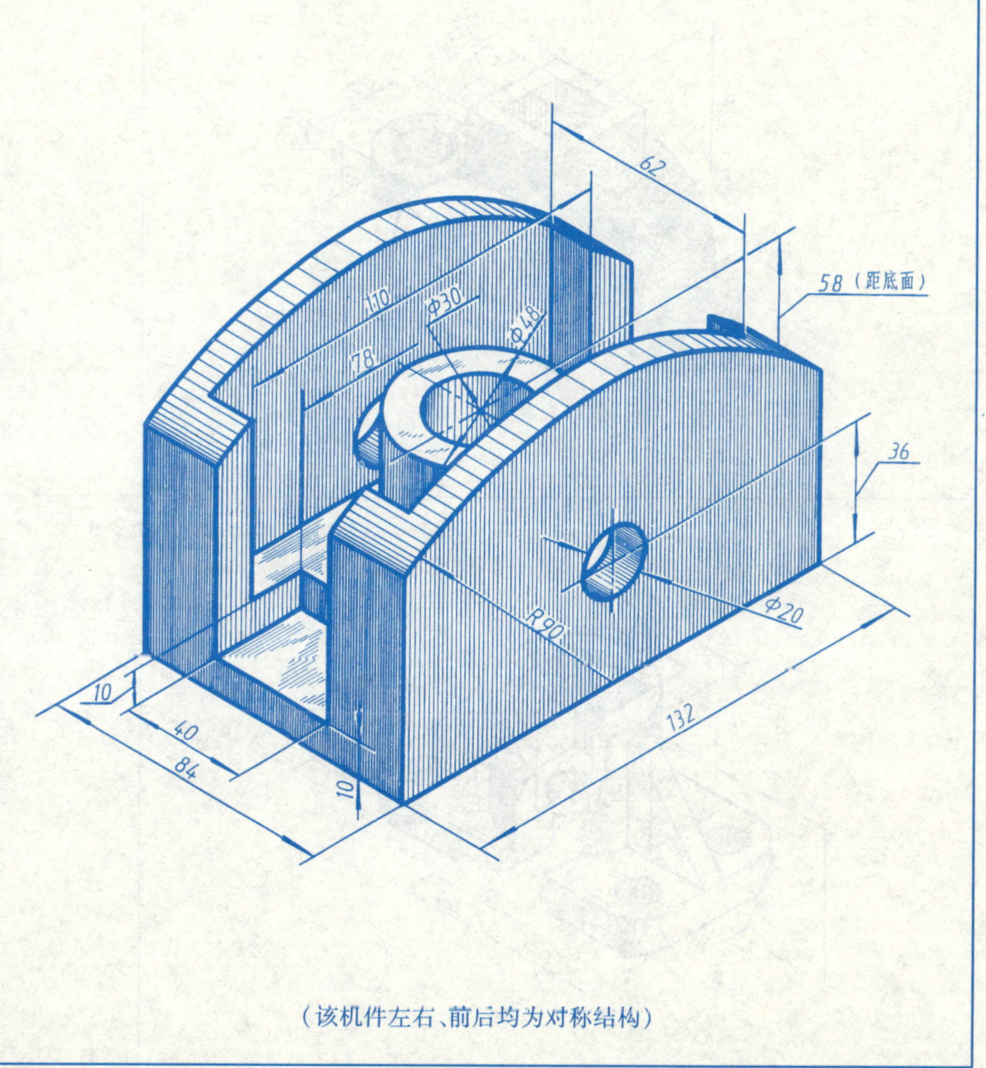

（该机件左右、前后均为对称结构）

班级 姓名 学号

6-21　根据轴测图画剖视图（作业题）。

1.

2.

3.

4.

班级　　　　　　　　　　　　姓名　　　　　　　　　　　　学号

7-1 螺孔的加工过程及其钻孔的尖端结构——读一读。

1. 螺孔的加工过程及其内、外螺纹连接的画法。

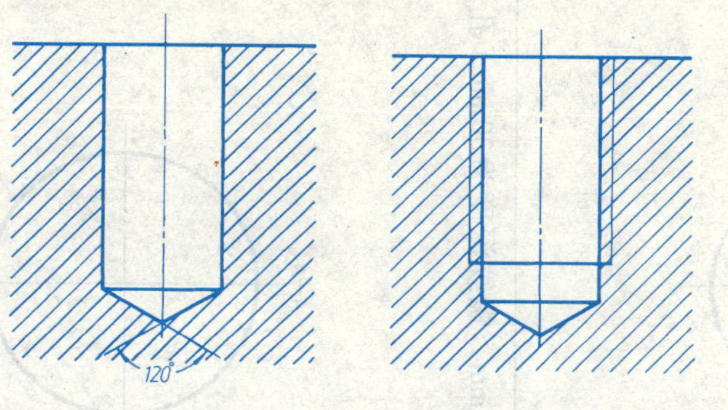

先钻光孔，顶角为120°　　再加工成螺孔

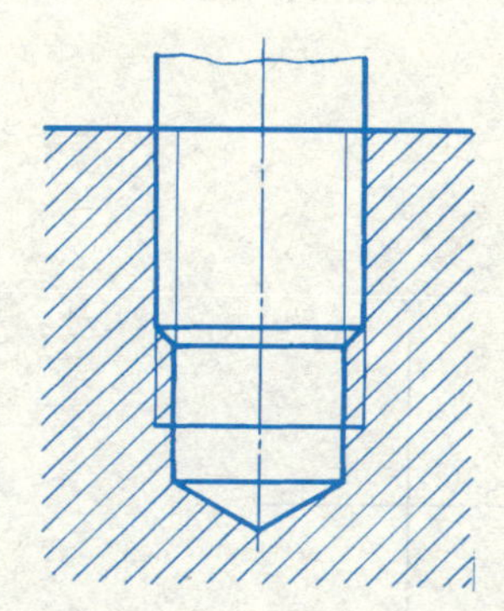

内、外螺纹连接画法：其旋合部分按外螺纹的画法绘制，其余部分的画法不变；表示外螺纹的牙顶和牙底线必须分别与内螺纹的牙底和牙顶线对齐。

2. 光孔底部120°角的形成及其尺寸注法。

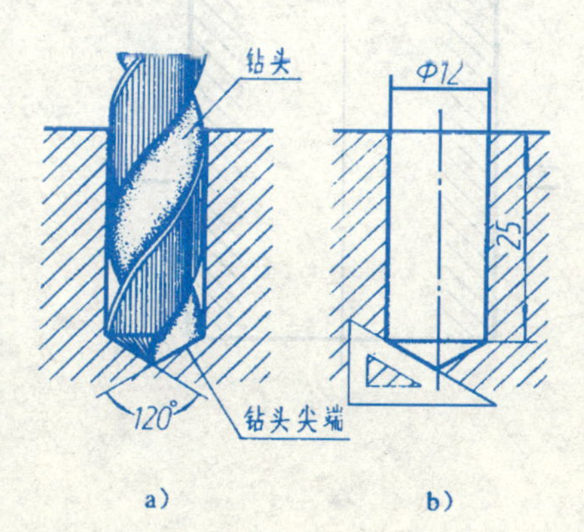

a）

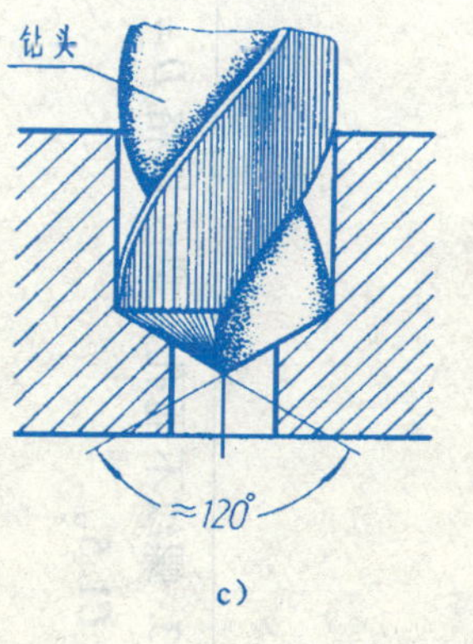

b）

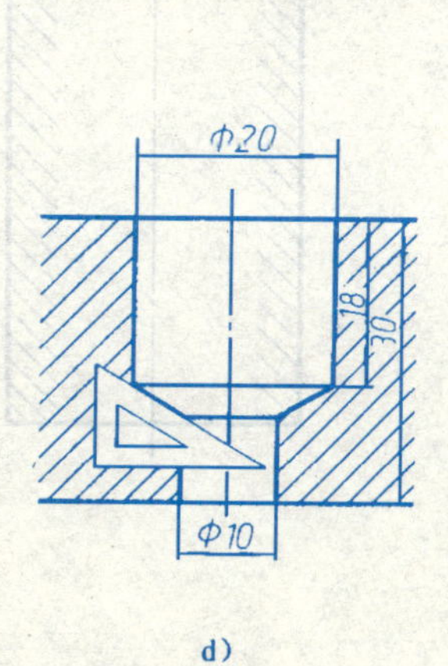

c）

d）

由于钻头的尖角接近120°，用它钻出的不通孔，底部便有个顶角接近120°的圆锥面，在图中，因钻尖而成的圆锥孔，顶角要画成120°，但不必注尺寸，如图b所示。钻孔深度不包括圆锥部分。

两级钻孔的过渡处也存在120°的部分钻尖角，如图d，作图时要注意画出。

班级　　姓名　　学号

7-2 根据给定的尺寸，按要求完成螺纹画法的两视图。

1. 外螺纹，螺纹规格 $d = M20$，螺纹长度为 30mm。

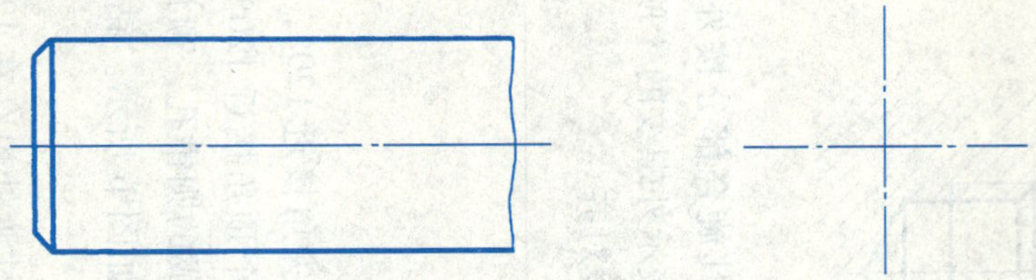

2. 螺纹通孔，螺纹规格 $D = M16$，两端孔口倒角 $C1.5$。

3. 螺纹不通孔，螺纹规格 $D = M16$，钻孔深度为 35mm，螺纹深度为 30mm，孔口倒角 $C1.5$。

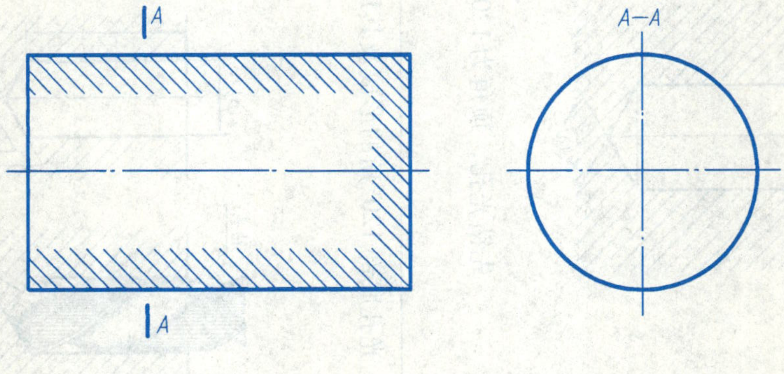

A

A—A

A

班级　　姓名　　学号

7-3　找出下列螺孔与螺纹连接画法中的错误，将正确的图形画在空白处。

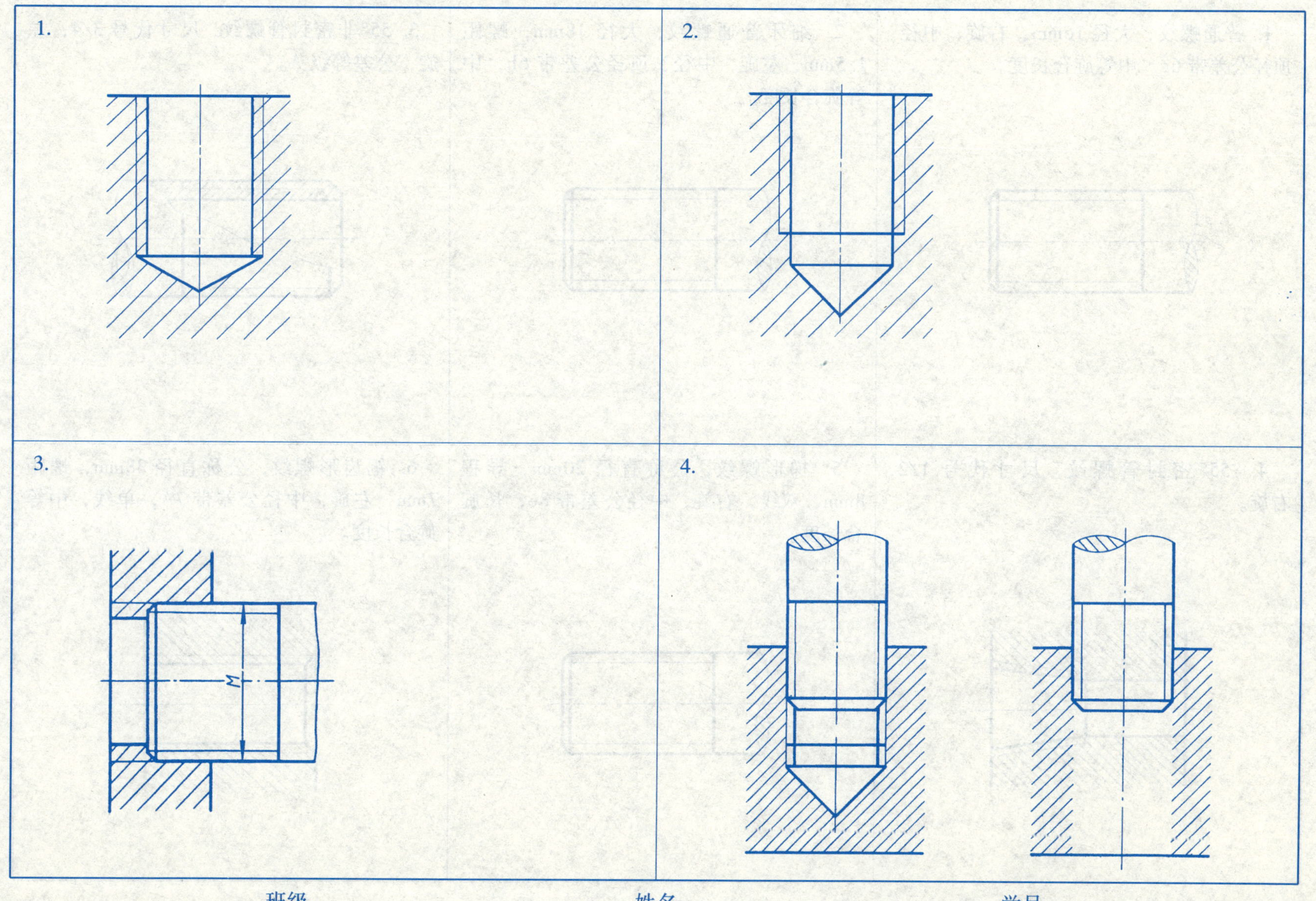

班级　　　　姓名　　　　学号

7-4　根据给定的螺纹要素，按规定进行标注。

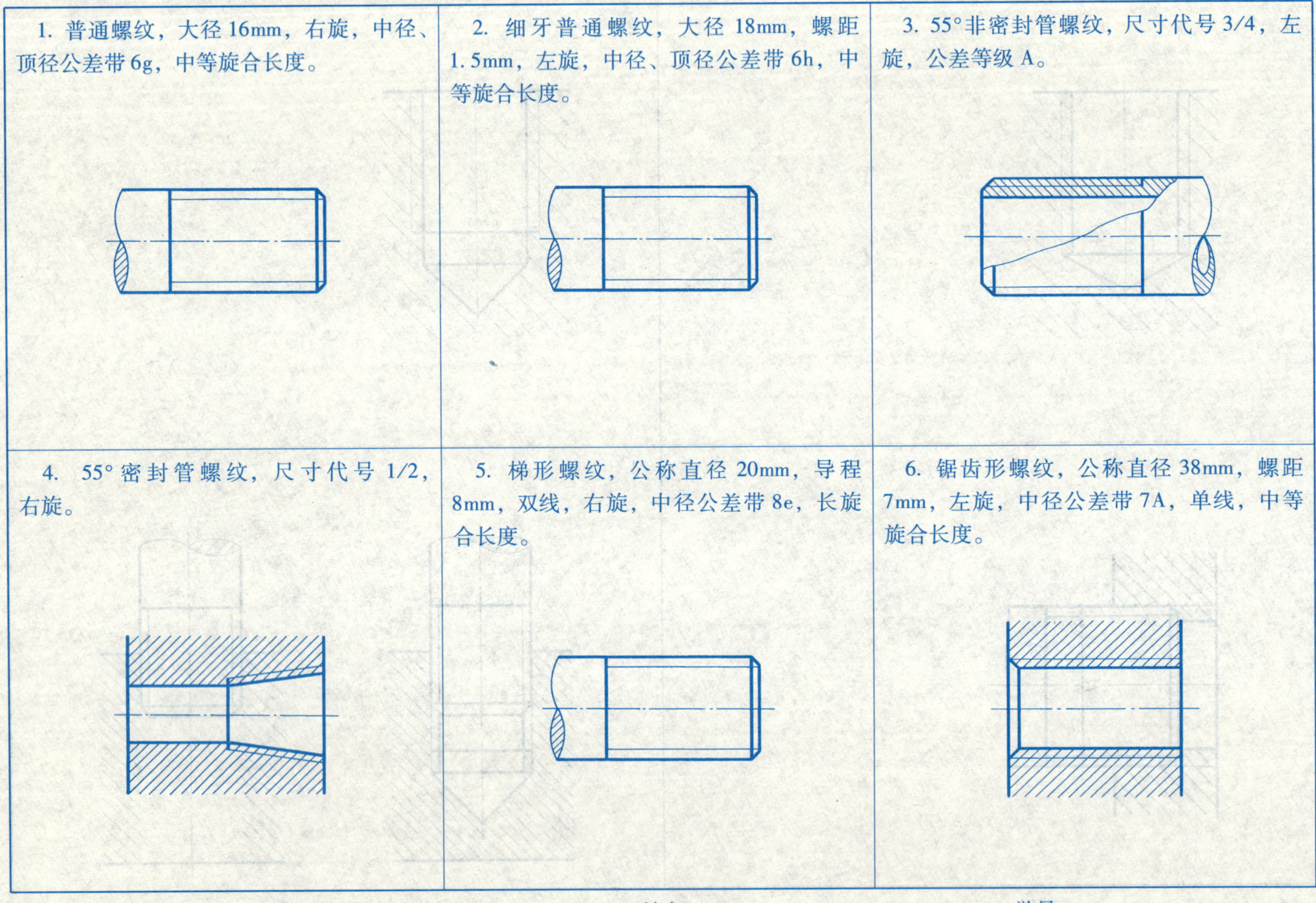

班级　　　　姓名　　　　学号

7-5 查表确定下列各连接件的尺寸，并写出规定标记。

1. 六角头螺栓—C 级。

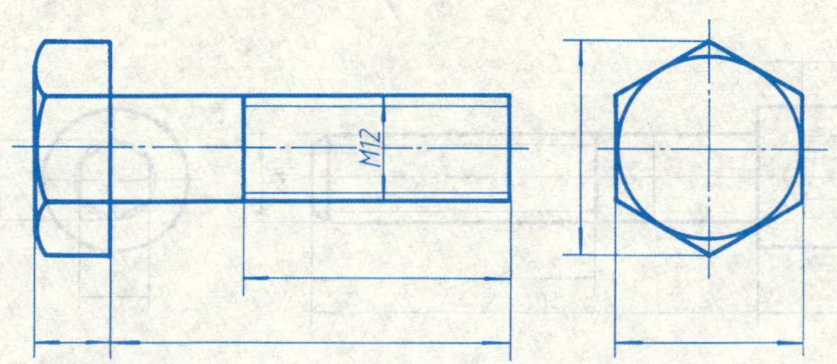

规定标记：

2. 1 型六角螺母—A 级。

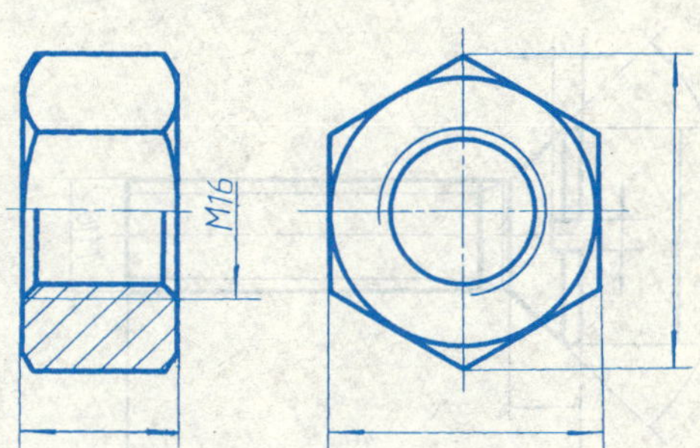

规定标记：

3. 双头螺柱（B 型，$b_m = 1.25d$）。

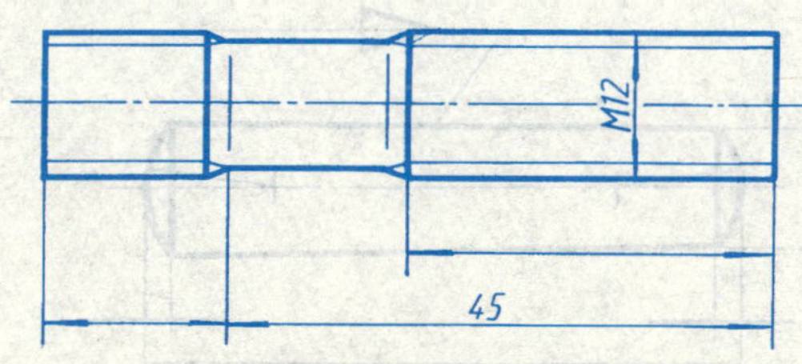

规定标记：

4. 平垫圈：倒角型—A 级。

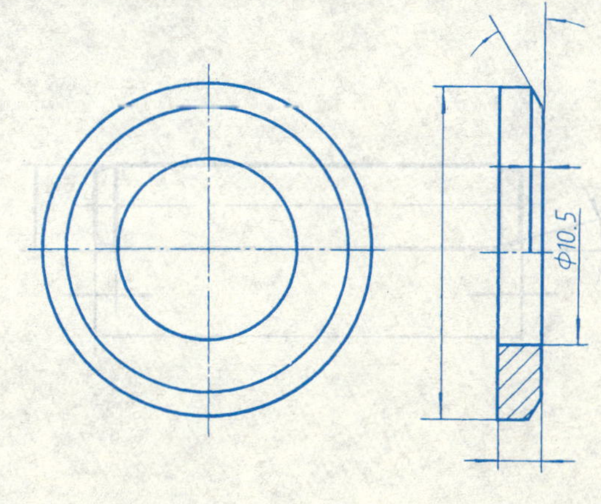

规定标记：

班级　　姓名　　学号

7-6 查表确定下列各连接件的尺寸，并写出规定标记。

1. 开槽沉头螺钉。

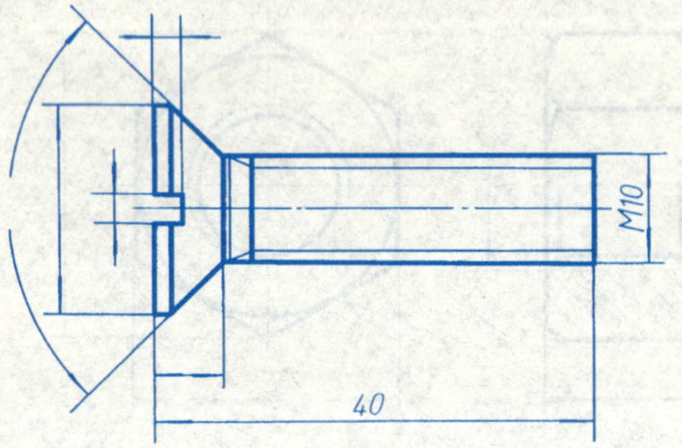

M10

40

规定标记：

2. 内六角圆柱头螺钉(光滑头部)。

M10

50

规定标记：

3. 不淬硬圆柱销(公称直径为 8mm,长度为 40mm,$d_{公差}$为 h8)。

规定标记：

4. 圆锥销(A 型,公称直径为 8mm,长度为 40mm)。

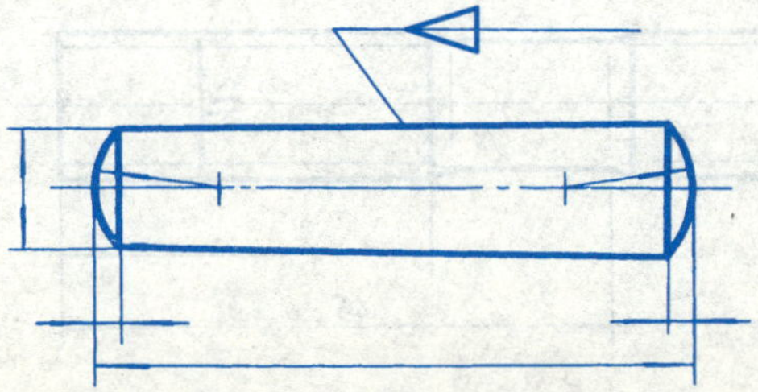

规定标记：

班级　　　　姓名　　　　学号

7-7　螺栓连接与螺钉连接（双头螺柱连接画法在 109 页）。

1. 补全螺栓连接三视图中所缺的图线。

2. 分析螺钉连接两视图中的错误，将正确的图形画在右边。

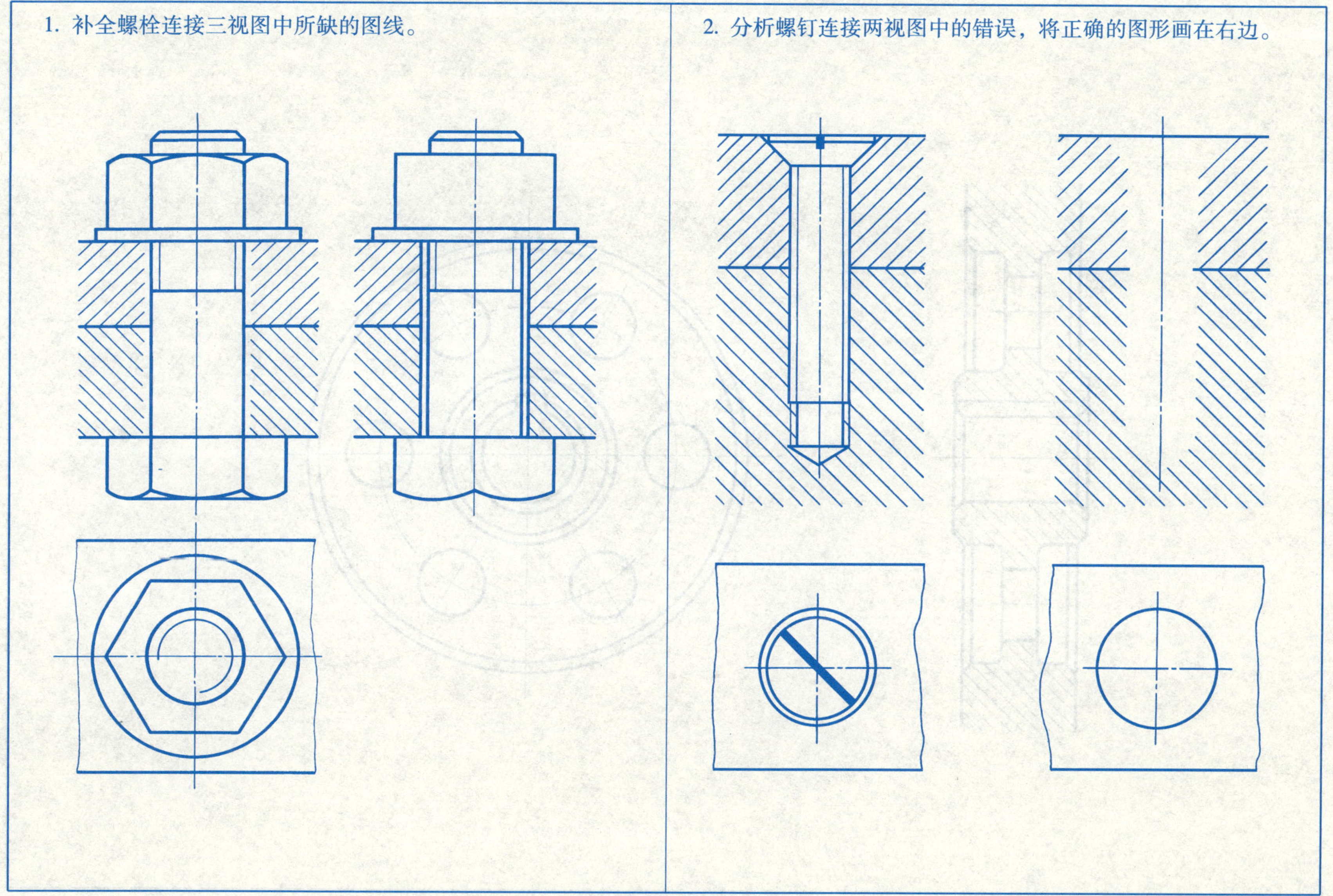

班级　　　　姓名　　　　学号

7-8　已知直齿圆柱齿轮 $m=5\text{mm}$、$z=40$，轮齿端部倒角 $C2.5$，完成齿轮工作图(1:2)，并注全尺寸。

班级　　　　　　　　　　　　姓名　　　　　　　　　　　　学号

7-9　已知大齿轮 $m=4\text{mm}$、$z=40$，两轮中心距 $a=120\text{mm}$，试计算大、小齿轮的基本尺寸（填入表中），并用 1∶2 的比例完成啮合图。

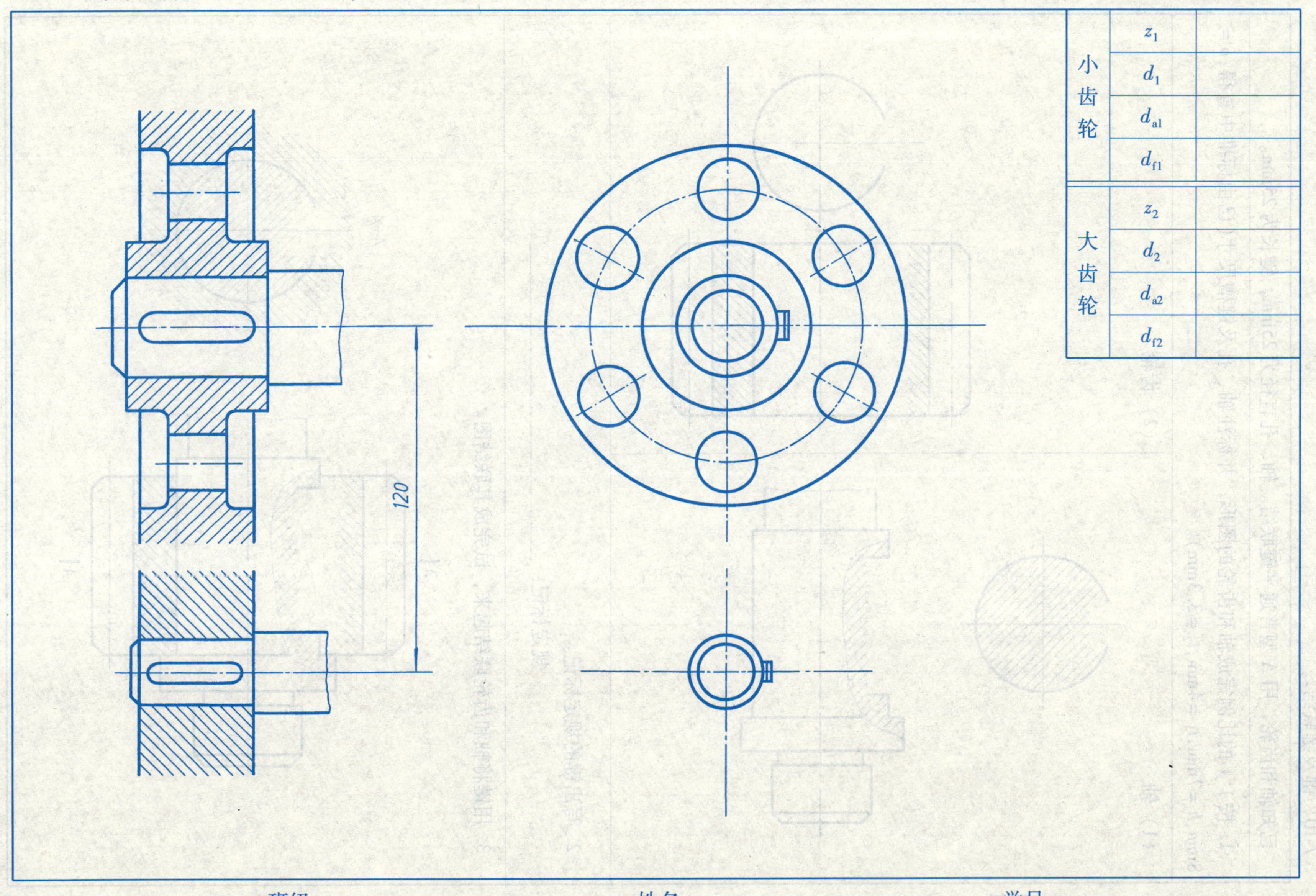

小齿轮	z_1	
	d_1	
	d_{a1}	
	d_{f1}	
大齿轮	z_2	
	d_2	
	d_{a2}	
	d_{f2}	

班级　　　　姓名　　　　学号

7-10 键及键联结。

已知轴和齿轮，用 A 型普通平键联结。轴、孔直径为 25mm，键长为 25mm。

1. 按 1:1 的比例完成轴和齿轮的图形，并标注轴、孔及键槽尺寸(已由标准中查得：$b=8\text{mm}, h=7\text{mm}, t_1=4\text{mm}, t_2=3.3\text{mm}$)。

（1）轴

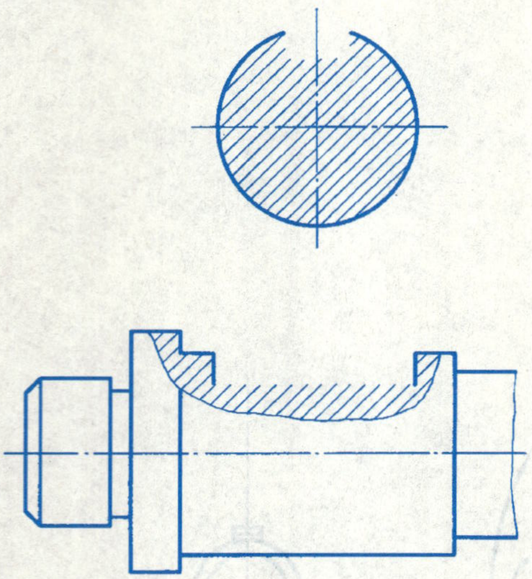

（2）齿轮

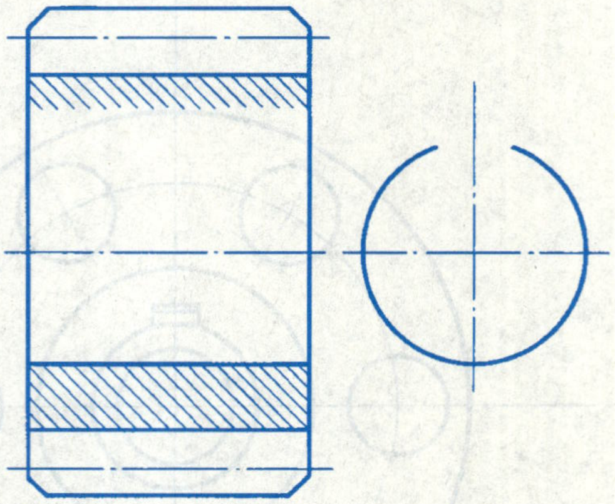

2. 写出键的规定标记。

规定标记：________________。

3. 用键将轴和齿轮联结起来，试完成其联结图。

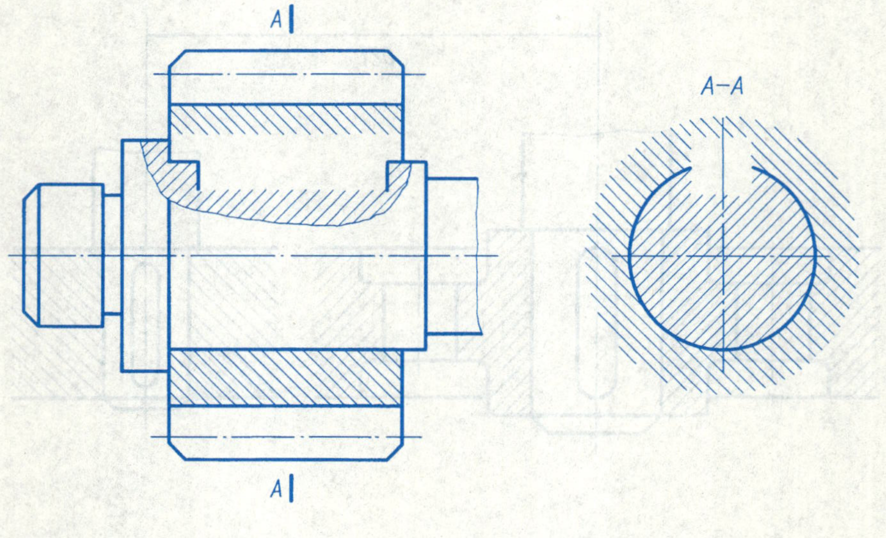

A

A-A

A

班级 姓名 学号

7-11 双头螺柱、圆柱销、滚动轴承的装配画法。

1. 用简化画法完成下列双头螺柱连接的两视图(螺柱 M16,弹簧垫圈 16,旋入端材料为铸铁,比例 1∶1)。

2. 齿轮与轴用直径 10mm 的圆柱销连接,完成下图,比例 1∶1,并写出圆柱销的规定标记。

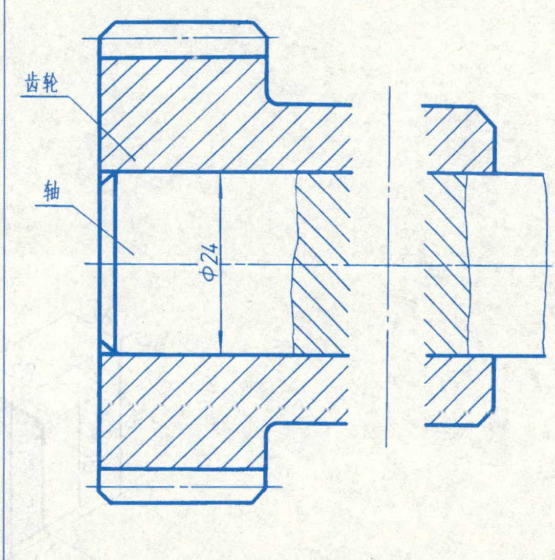

销的规定标记________________。

3. 用规定画法完成深沟球轴承(6205)在轴端上的装配图。

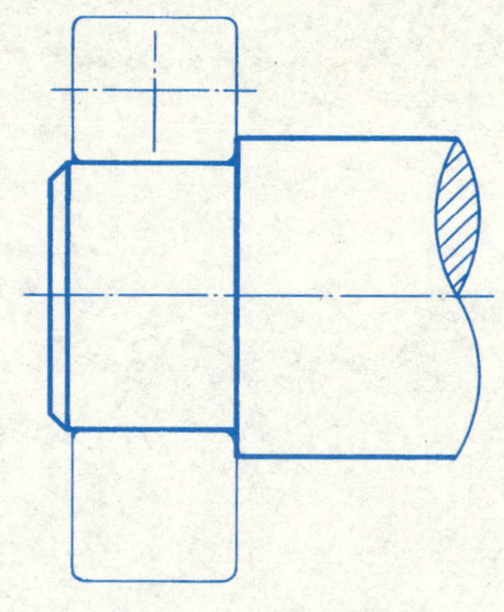

4. 用规定画法完成圆锥滚子轴承(30205)在轴端上的装配图。

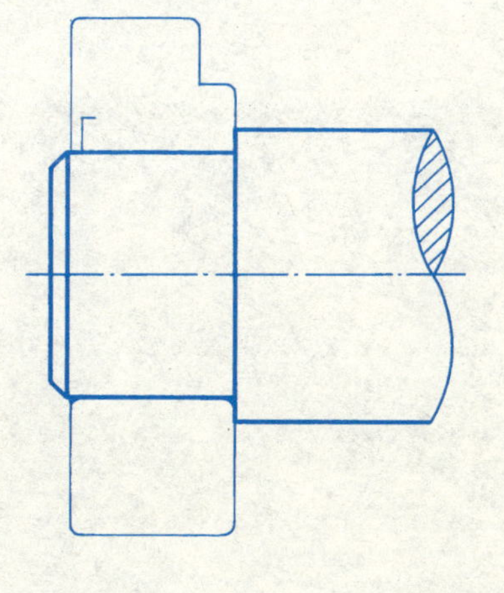

班级　　　　姓名　　　　学号

八、零件图 8-1 根据轴测图画零件图，并标注尺寸，比例为1∶2。

名称：底座
材料：HT200

班级 姓名 学号

8-2 看懂一对轴承座、盖的零件图，并补画所缺的尺寸(注意相关尺寸的一致性)。

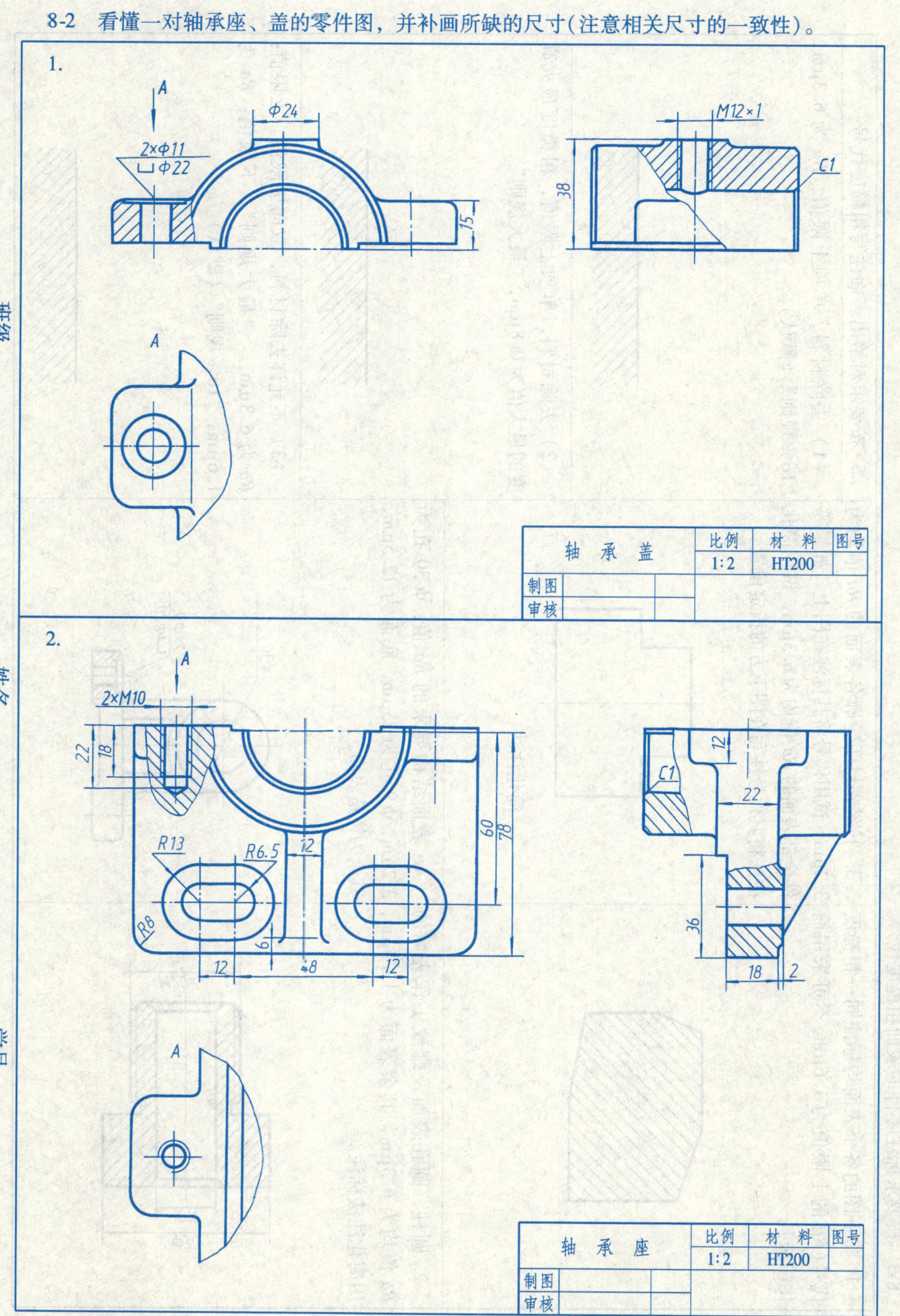

8-3　按要求标注零件的表面粗糙度代号。

1. 将下图的各个表面均标注同一粗糙度代号（*Ra* 的上限值为 1.6μm，不可采用简化注法）。

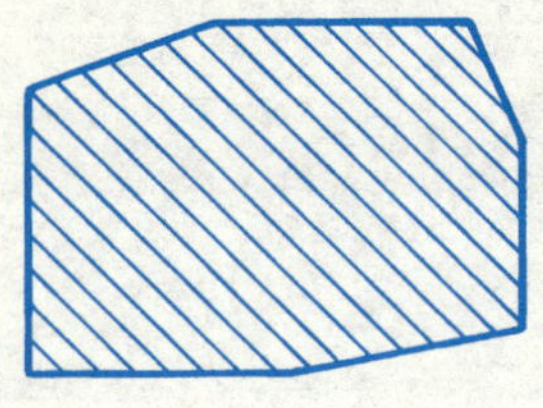

2. 圆柱、圆孔表面及螺纹工作表面的 *Ra* 值均为 6.3μm，其余表面为 12.5μm，用简化注法标注。

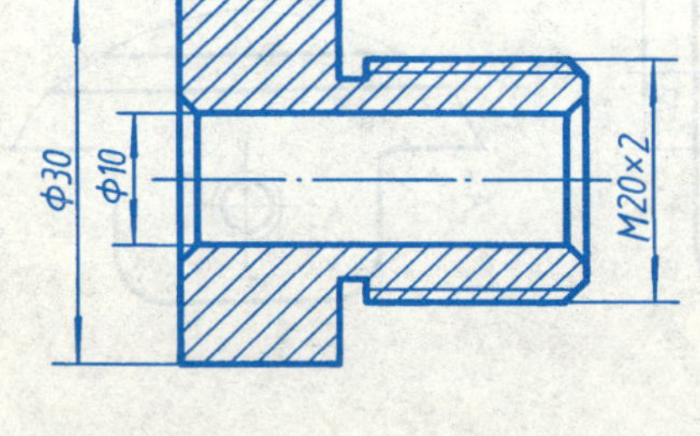

3. 下图成封闭轮廓各表面的 *Ra* 值均为 3.2μm，试用代号将其标注在图上。如果零件全部表面的 *Ra* 值均为 6.3μm，试用简化注法将其代号注写在图下方的指定位置。

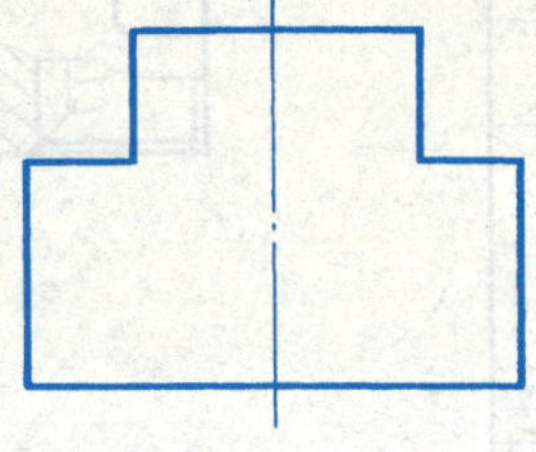

简化注法：

4. 表面结构要求的 *Ra* 值：ϕ30 孔为 3.2μm，ϕ9 孔为 25μm，底面为 12.5μm，其余为铸造表面。

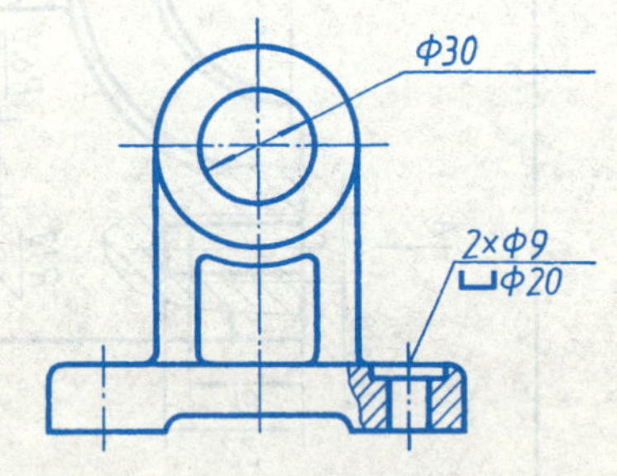

5. 按要求对给出表面注写粗糙度代号。

（1）去除材料，单项上限值，*Ra* 为 6.3μm，“16% 规则”（默认）。

（2）去除材料，单项上限值，粗糙度最大高度的最大值为 0.8μm，“最大规则”。

（3）不允许去除材料，双向极限值。上限值：*Ra* 为 6.3μm，“最大规则”；下限值：*Ra* 为 1.6μm，“16% 规则”（默认）。

班级　　　　姓名　　　　学号

8-4　表面粗糙度（参数 *Ra* 的数值均为上限值、单位 μm，下同）。

1. 按要求标注零件表面的粗糙度代号。

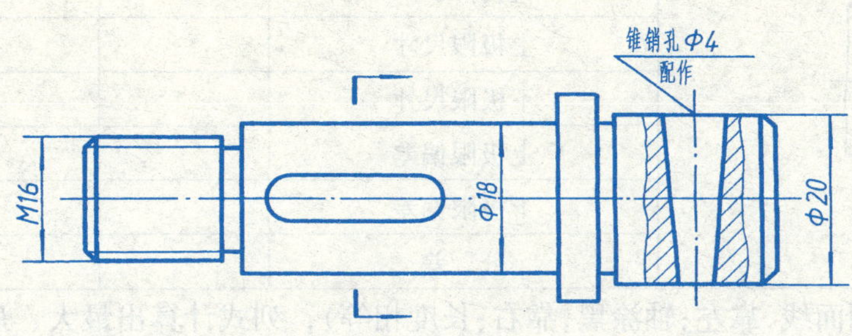

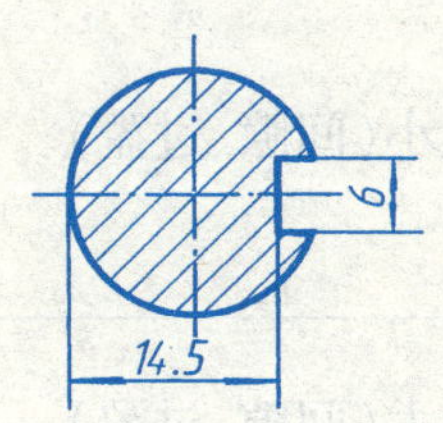

（1）ϕ20、ϕ18 圆柱面 *Ra* 为 1.6。

（2）M16 螺纹工作表面 *Ra* 为 3.2。

（3）锥销孔内表面 *Ra* 为 3.2。

（4）键槽两侧面 *Ra* 为 3.2；键槽底面 *Ra* 为 6.3。

（5）其余表面 *Ra* 为 12.5。

2. 按要求标注零件表面的粗糙度代号。

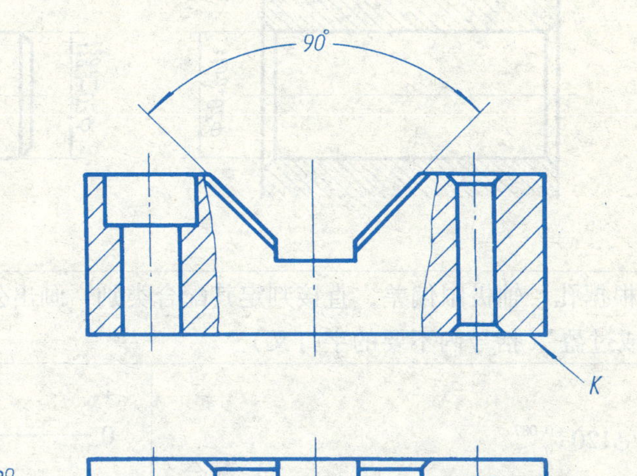

（1）90°V 形槽两工作面的 *Ra* 值为 0.8。

（2）底面 *K* 的 *Ra* 值为 1.6。

（3）两个 ϕ6 销孔，*Ra* 值为 3.2。

（4）两组 ϕ9 及沉孔各表面的 *Ra* 值为 25。

（5）其余表面的 *Ra* 值为 12.5。

班级　　　　姓名　　　　学号

8-5　极限与配合基本知识练习(一)。

1. 根据下图中的标注，填写右表(只填其数值)。

$\phi 20^{+0.033}_{0}$　　$\phi 20^{-0.021}_{-0.041}$

名称 \ 孔或轴	孔	轴
公称尺寸		
上极限尺寸		
下极限尺寸		
上极限偏差		
下极限偏差		
公　差		

2. 根据孔、轴极限偏差，直接判定其配合类别；画出公差带图(孔画剖面线，靠左；轴涂黑，靠右；长度相等)；列式计算出最大、最小间隙或过盈*(括号内不要的字打叉)。

孔：$\phi 120^{+0.087}_{0}$ (　　)配合 轴：$\phi 120^{-0.120}_{-0.207}$	+ 0 −	最大(间隙、过盈) = 最小(间隙、过盈) =
孔：$\phi 50^{+0.025}_{0}$ (　　)配合 轴：$\phi 50^{+0.018}_{+0.002}$	+ 0 −	最大(间隙、过盈) = 最大(间隙、过盈) =
孔：$\phi 100^{-0.058}_{-0.093}$ (　　)配合 轴：$\phi 100^{0}_{-0.022}$	+ 0 −	最大(间隙、过盈) = 最小(间隙、过盈) =

班级　　　　　　姓名　　　　　　学号

8-6 极限与配合基本知识练习(二)。

1. 根据下列条件查附录表，将其极限偏差填写在括号内。

(1) φ30H8(   )

(2) φ60JS7(   )

(3) φ25m6(   )

(4) φ40f7(   )

(5) φ90G7(   )

(6) φ80h9(   )

2. 根据下列条件查附录表，将其公差带代号填写在公称尺寸之后。

孔
- φ70   (±0.015)
- φ20 $\left(\begin{smallmatrix}+0.006\\-0.015\end{smallmatrix}\right)$
- φ80 $\left(\begin{smallmatrix}+0.076\\+0.030\end{smallmatrix}\right)$

轴
- φ30 $\left(\begin{smallmatrix}-0.020\\-0.041\end{smallmatrix}\right)$
- φ35 $\left(\begin{smallmatrix}+0.018\\+0.002\end{smallmatrix}\right)$
- φ90 $\left(\begin{smallmatrix}0\\-0.035\end{smallmatrix}\right)$

3. 根据孔(公称尺寸 φ40、上极限偏差 +0.062、下极限偏差 0)、轴(公称尺寸 φ40、上极限偏差 −0.080、下极限偏差 −0.142)的已知尺寸，查出其公差带代号，并将它们分别标注在下图中。

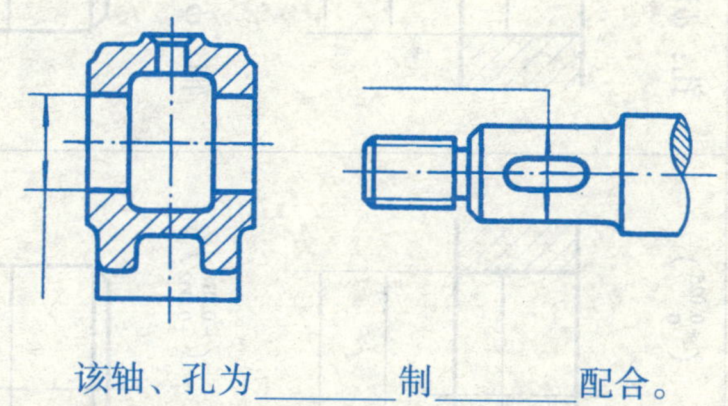

该轴、孔为________制________配合。

4. 根据零件图中的标注，在装配图上注出配合代号，并回答问题。

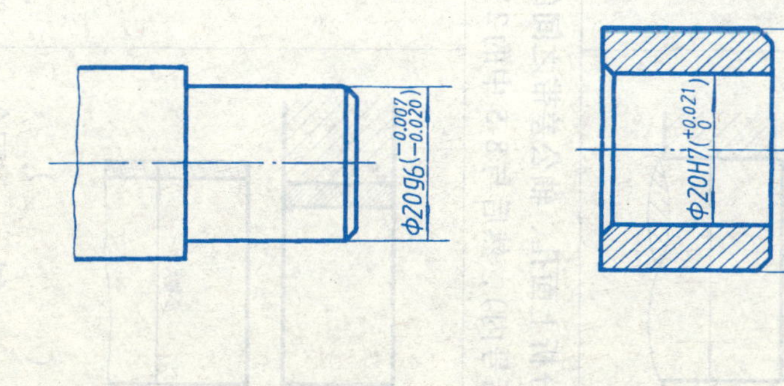

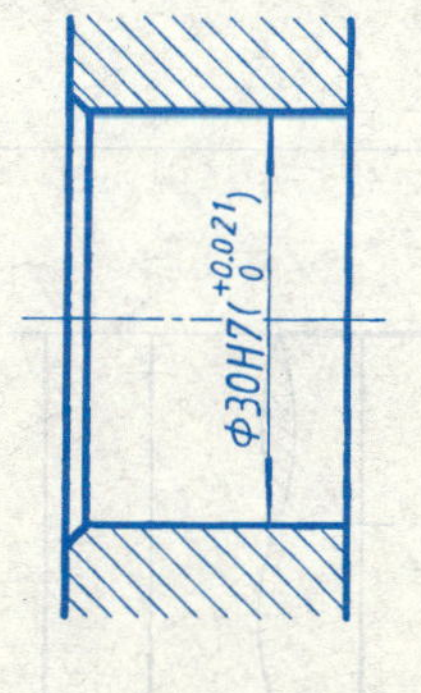

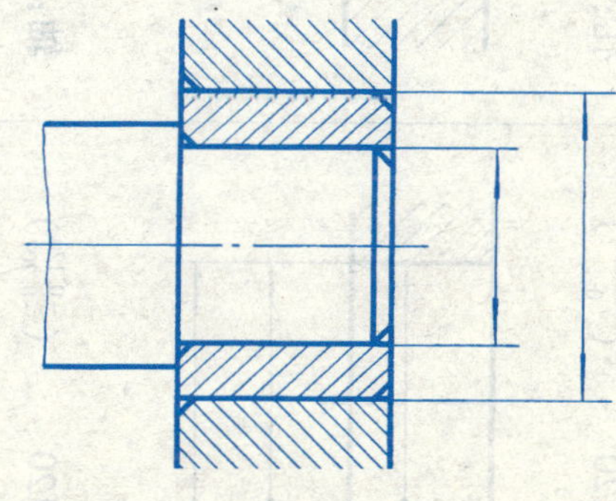

答：轴与轴套孔是________制________配合。　　答：轴套与零件孔是________制________配合。

班级　　　　　　　　姓名　　　　　　　　学号

8-7 极限与配合的标注。

1. 根据孔、轴的极限偏差，查表确定其公差带代号(写在公称尺寸后的空白处)，并标注(在零件图上分别按三种形式标注,在装配图上只注配合代号)。

孔：$\phi120$ $\left(\begin{smallmatrix}+0.087\\0\end{smallmatrix}\right)$　　孔：$\phi50$ $\left(\begin{smallmatrix}+0.025\\0\end{smallmatrix}\right)$　　孔：$\phi100$ $\left(\begin{smallmatrix}-0.058\\-0.093\end{smallmatrix}\right)$

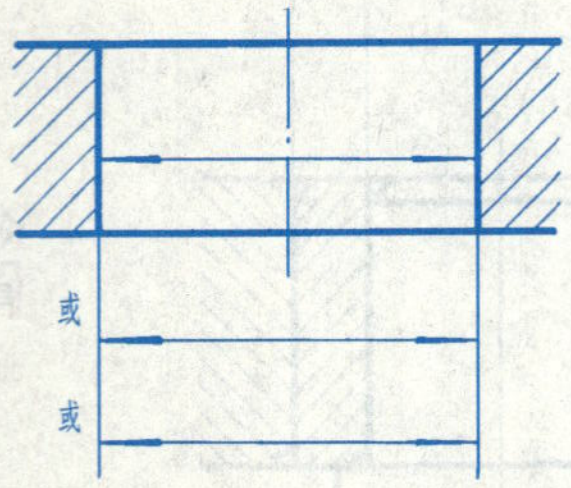

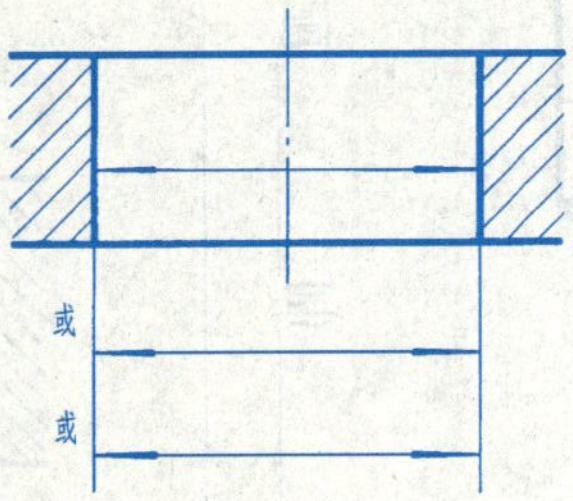

或　或　　或　或　　或　或

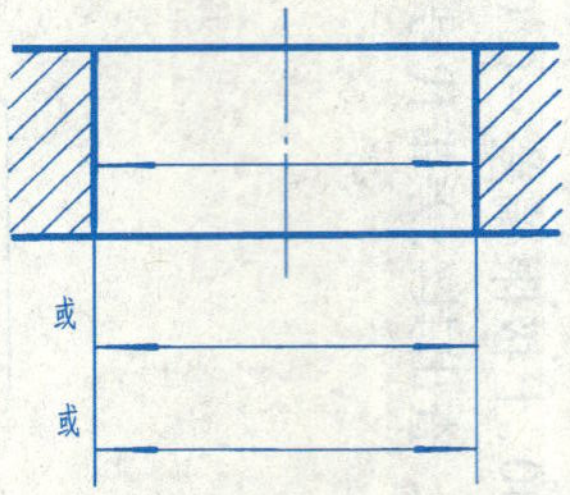

轴：$\phi120$ $\left(\begin{smallmatrix}-0.120\\-0.207\end{smallmatrix}\right)$　　轴：$\phi50$ $\left(\begin{smallmatrix}+0.018\\+0.002\end{smallmatrix}\right)$　　轴：$\phi100$ $\left(\begin{smallmatrix}0\\-0.022\end{smallmatrix}\right)$

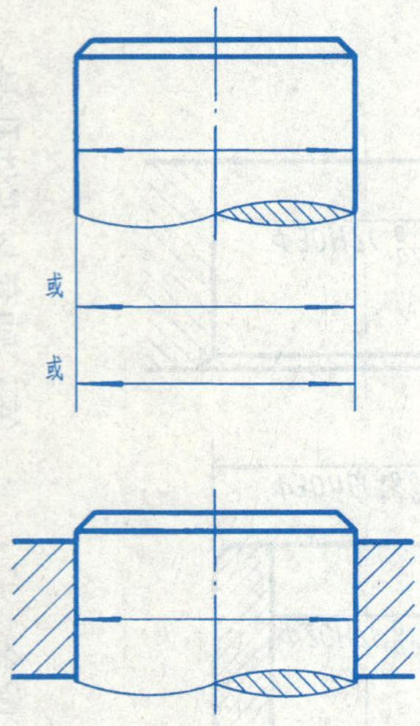

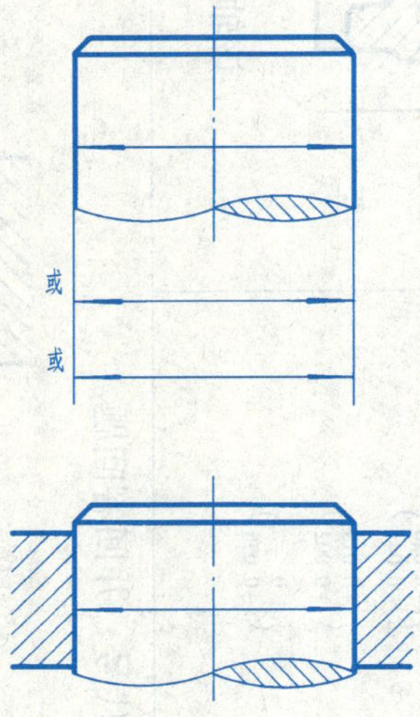

或　或　　或　或　　或　或

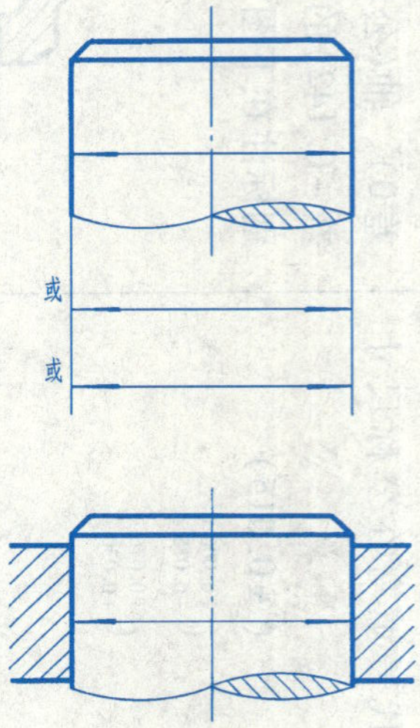

2. 分析上面孔、轴公差带之间的关系，再与下面的配合示意图对号入座(将其配合代号填在括号内)，然后与8-5 中的2 题对照分析，并回答问题。

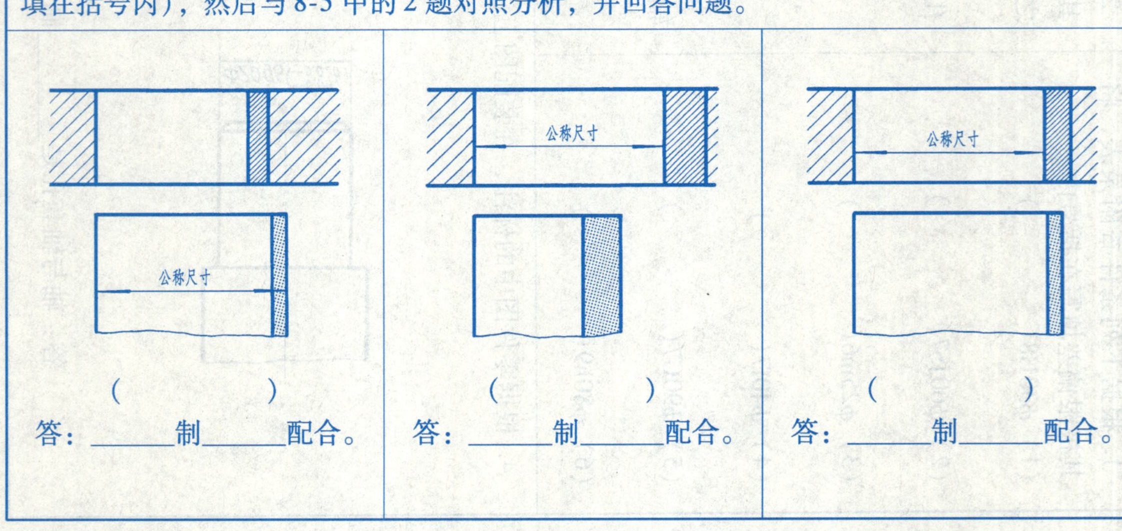

(　　　)　　(　　　)　　(　　　)

答：______制______配合。　答：______制______配合。　答：______制______配合。

班级　　姓名　　学号

8-8　说明几何公差的含义。

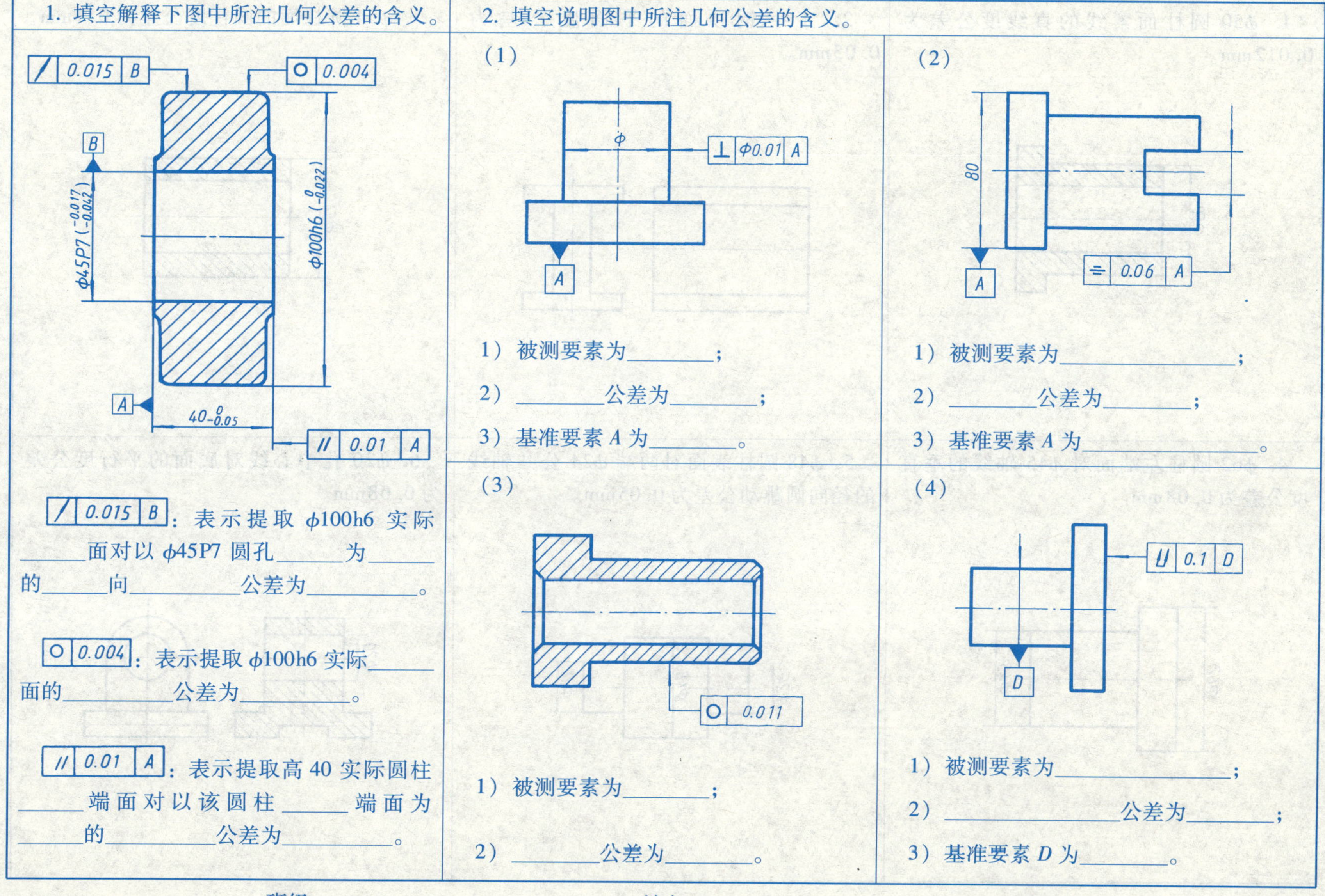

1. 填空解释下图中所注几何公差的含义。

[/ 0.015 B]：表示提取 φ100h6 实际______面对以 φ45P7 圆孔______为______的______向__________公差为__________。

[○ 0.004]：表示提取 φ100h6 实际______面的__________公差为__________。

[// 0.01 A]：表示提取高 40 实际圆柱______端面对以该圆柱______端面为______的__________公差为__________。

2. 填空说明图中所注几何公差的含义。

(1)

1）被测要素为________；

2）________公差为________；

3）基准要素 A 为________。

(2)

1）被测要素为________________；

2）________公差为________；

3）基准要素 A 为________________。

(3)

1）被测要素为________；

2）________公差为________。

(4)

1）被测要素为________________；

2）________________公差为________；

3）基准要素 D 为________。

班级　　　　　　　　姓名　　　　　　　　学号

8-9　标注几何公差。

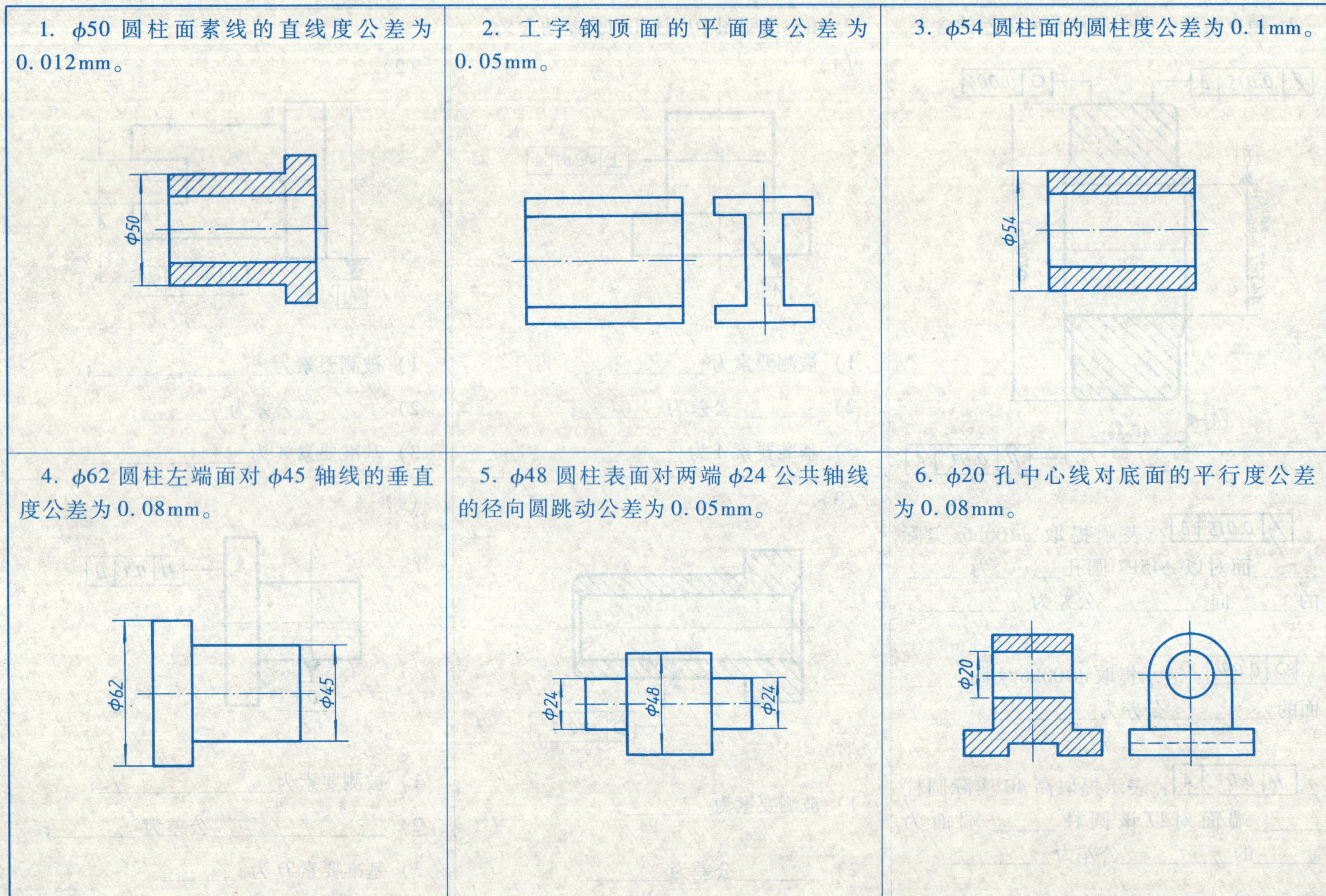

班级　　姓名　　学号

作业6　零件测绘

（一）作业目的

1. 熟悉和掌握零件测绘的方法和步骤。

2. 训练独立选择零件的表达方案、标注尺寸和注写技术要求的能力。

（二）内容与要求

1. 测绘一个零件，完成其零件草图。

2. 草图应画在A3图纸或坐标纸上。

3. 测绘的对象最好为实际零件、后续测绘部件中的零件或金属模型(如没有,也可以下页的轴测图代替。测量尺寸时,要先在轴测图上画出圆的中心线及对称线的位置,尽量画准,以便于量取尺寸)。

（三）注意事项

1. 零件测绘应认真，不得潦草。

2. 测绘步骤应清晰，选择视图、标注尺寸、注写技术要求应依次进行。

3. 选择视图表达方案应在草纸上进行，最好多选几组方案，从中选优。

4. 标注尺寸时，应先选定尺寸基准，再按形体分析法确定并标注定形、定位和总体尺寸；要注意与相关零件尺寸协调一致；先集中画出所有的尺寸线、尺寸界线和箭头，再逐一测量、填写尺寸数字。

5. 零件上标准结构要素(如螺纹、键槽、销孔等)，应查表予以标准化。

6. 草图完成后要认真检查，及时纠正错、漏之处。

作业7　由零件草图绘制零件工作图

（一）作业目的

1. 熟悉和掌握由零件草图绘制零件工作图的方法和步骤。

2. 综合运用学过的知识，提高绘制生产中实用零件图的能力。

（二）内容与要求

1. 根据测绘出的零件草图，绘制零件工作图。

2. 用A3图纸绘制。

（三）注意事项

1. 作图时，要以所绘之图一经脱手即将投入生产的心态，严肃、认真、高度负责地进行。

2. 全面调用已学的知识，综合加以应用。所绘的零件图：

（1）要符合标准(如视图画法及其标注、尺寸的标注、技术要求的注写,标准结构的画法、标注以及查表进行标准化等等)；

（2）尽量符合生产实际(如工艺结构的合理性,所注尺寸应便于加工和测量,表面粗糙度、尺寸公差、几何公差的选用既能保证零件的质量,又能降低零件的制作成本等)。

为此，要对零件草图进行全面审视。对有问题的地方，要翻看教材、查阅标准中的相关知识或请教他人。

3. 布图合理、图形简洁、尺寸完整、清晰，字迹工整，便于他人看图。

4. 认真填写标题栏。

班级　　　　姓名　　　　学号

8-11　零件测绘作业题：根据轴测图画零件草图（均为通孔，绘图比例为1∶2，零件材料为HT150）。

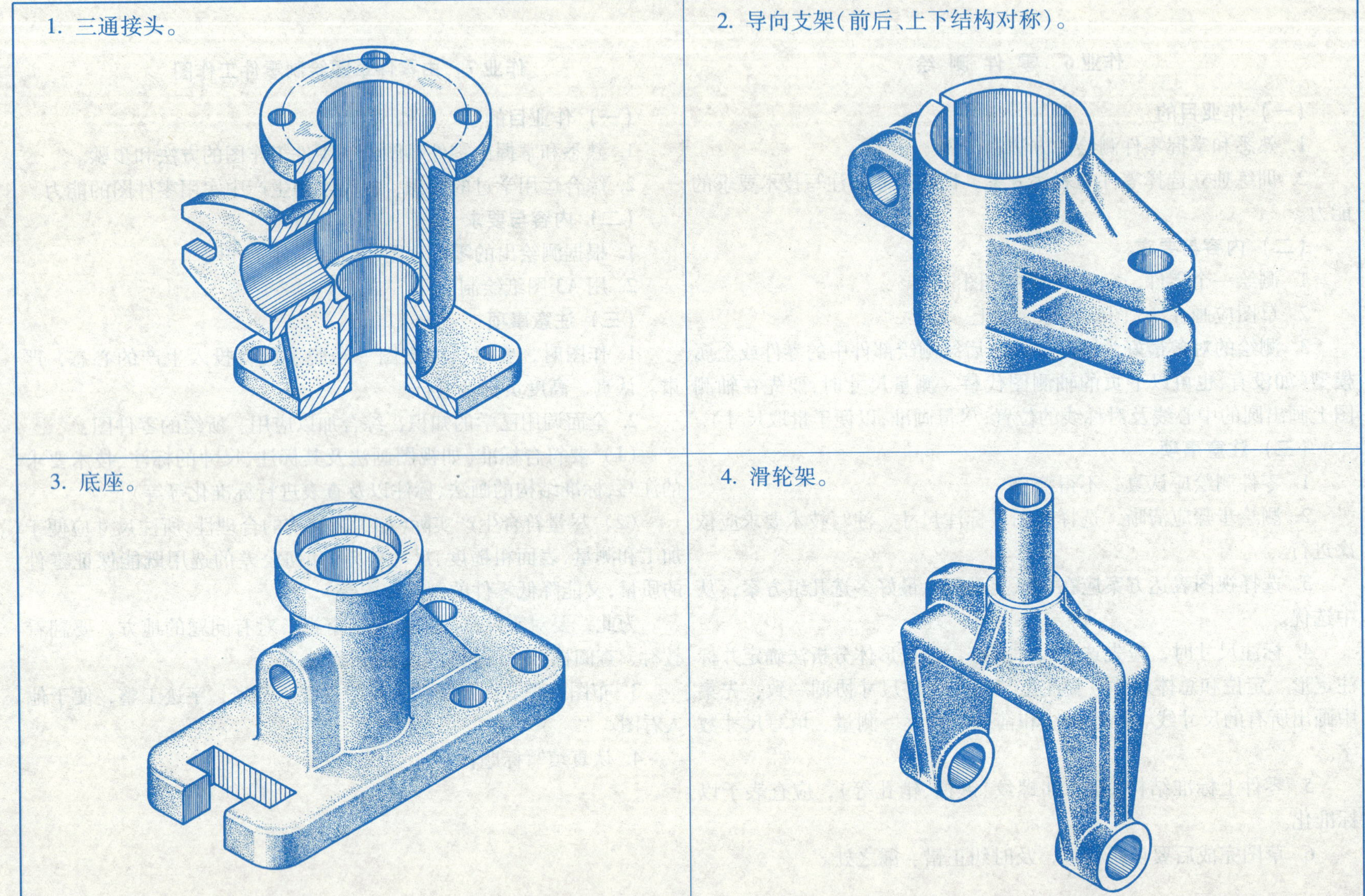

班级　　　　姓名　　　　学号

8-12　读轴的零件图。

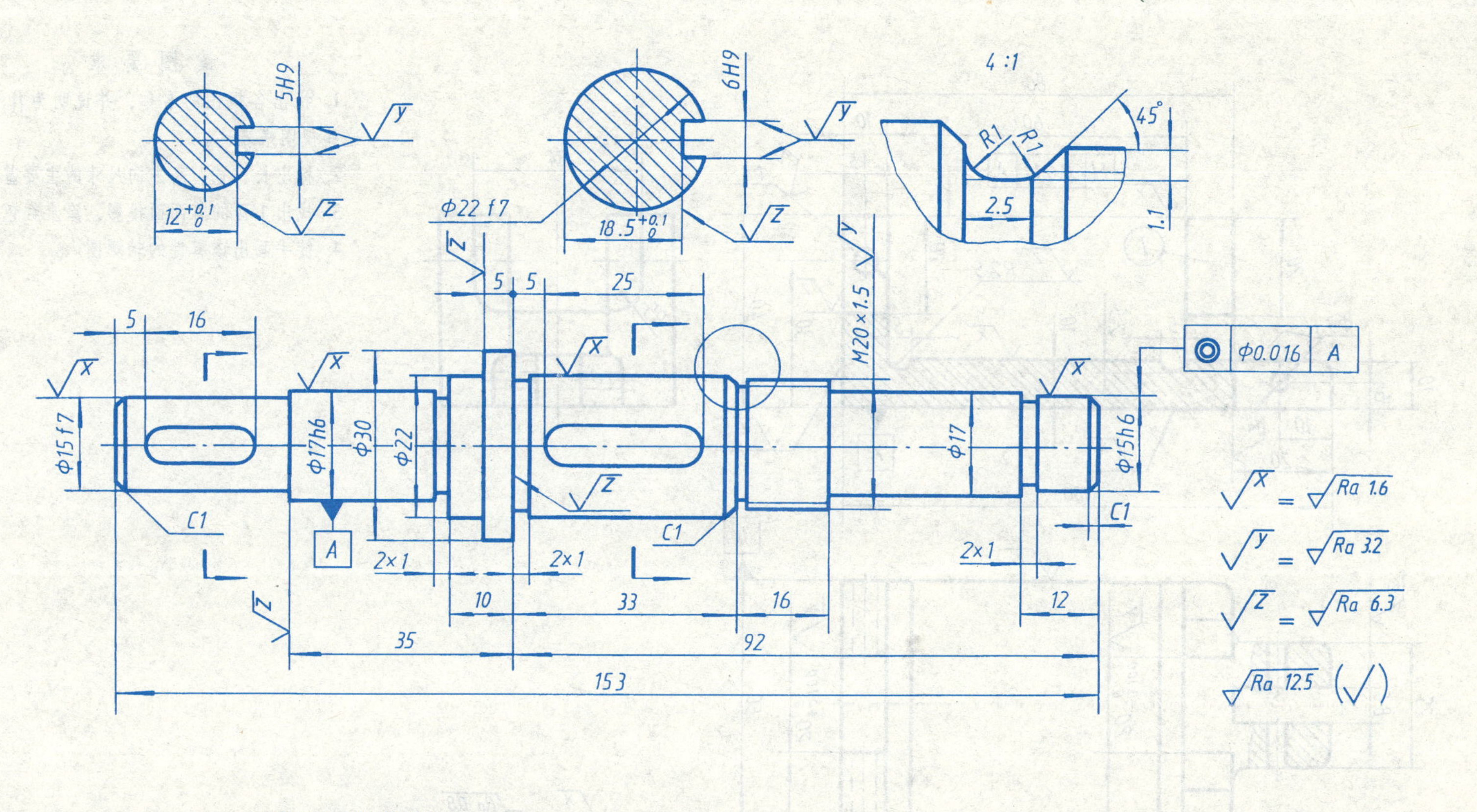

看图回答问题

1. 指出各视图的名称，并说明为什么采用这些视图来表达。

2. 标出长、宽、高方向尺寸的主要基准，并指出哪些尺寸是定位尺寸。

3. 说明图中公差带代号的意义。

4. 键槽两侧面的 Ra 为________ μm，φ17h6 圆柱面的 Ra 为________ μm，轴左、右端面的 Ra 为________ μm。

技 术 要 求

零件需进行调质处理。

轴		比例	材料	图号
		1:1	45	
制图				
审核				

班级　　　　姓名　　　　学号

8-13 读夹具体零件图。

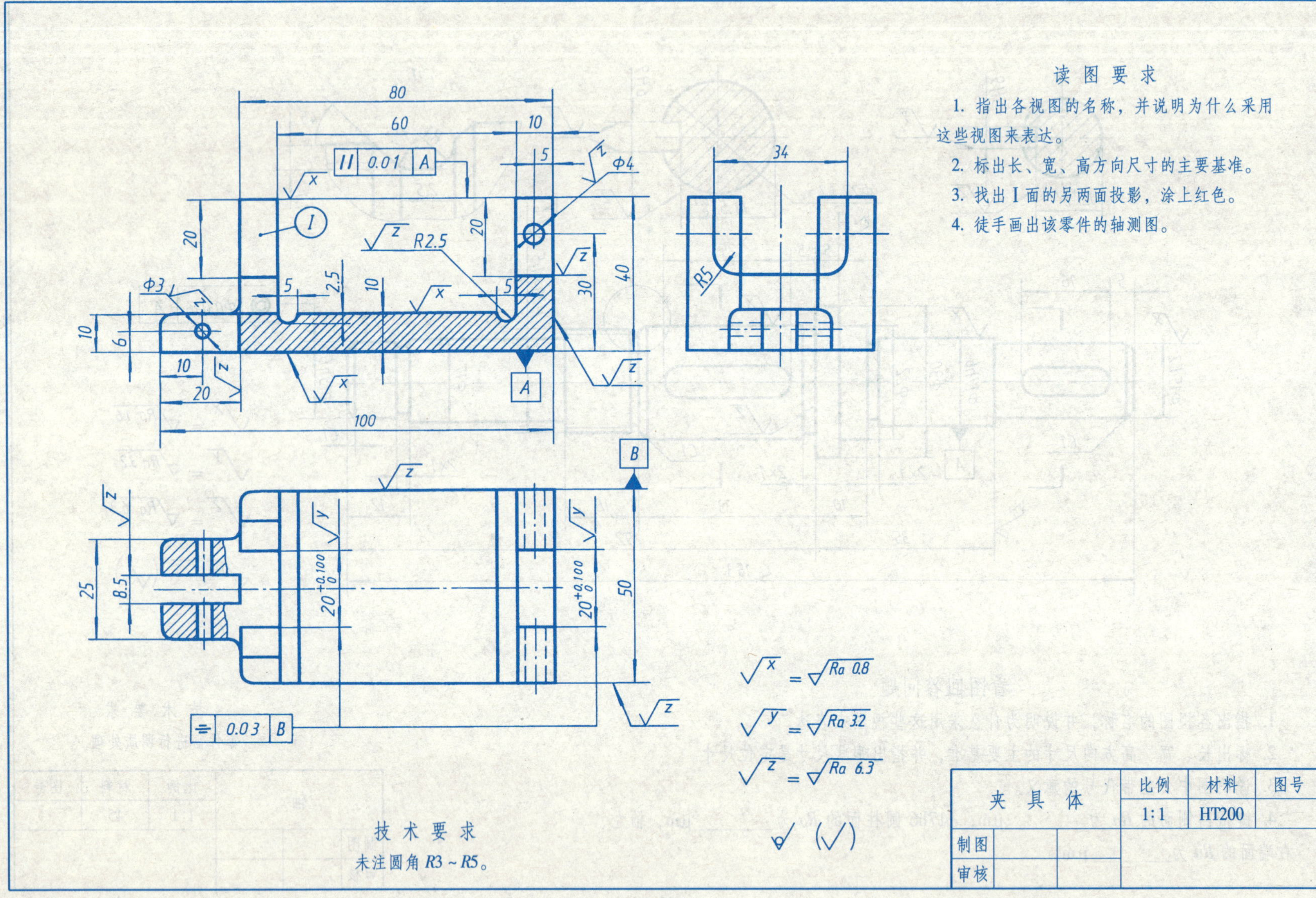

班级 姓名 学号

8-14　读套筒零件图（要求：1. 补画左视图；2. 在指定位置补画移出断面图；3. 补画 *B*—*B* 剖视图的剖切符号；并回答问题）。

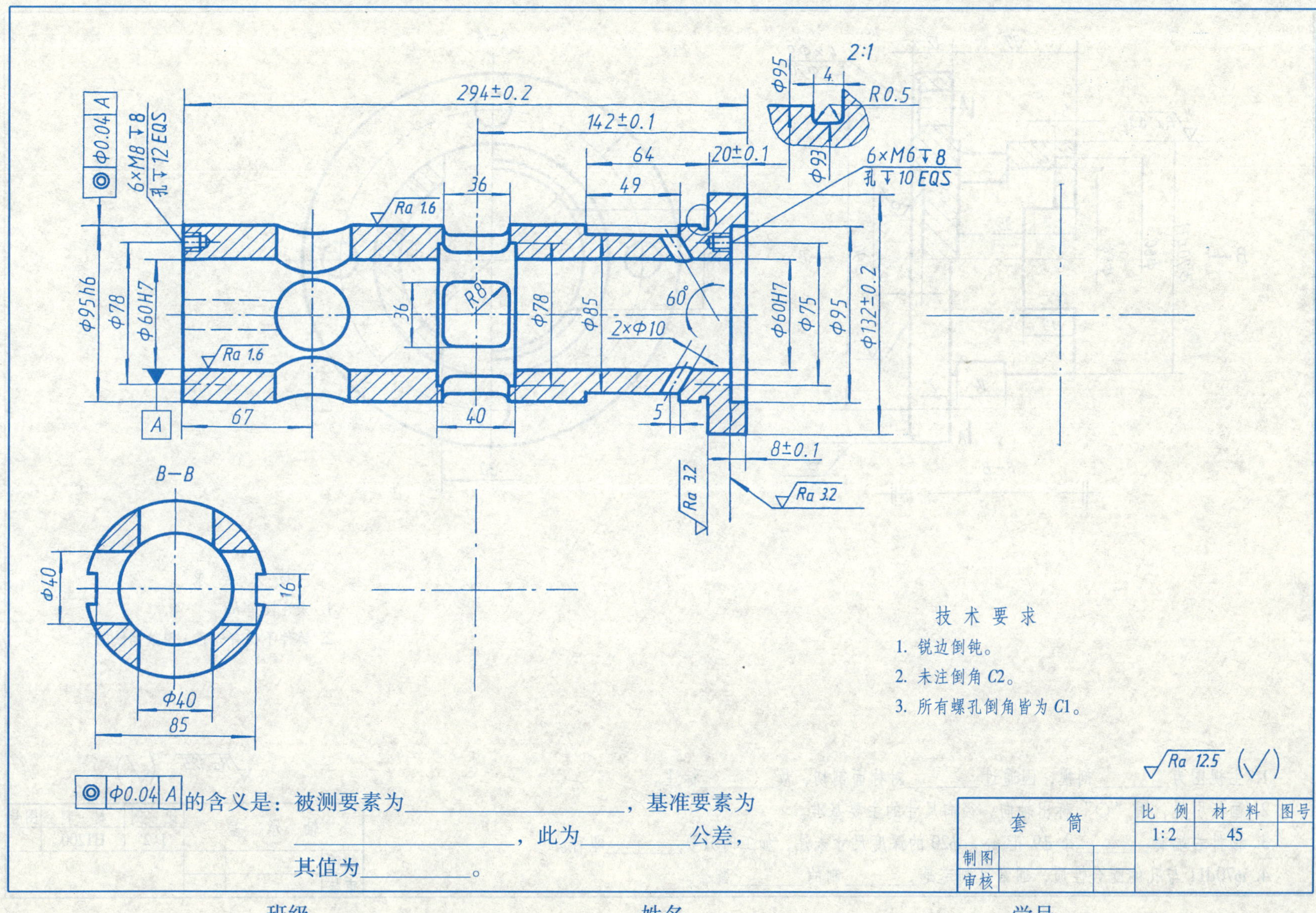

班级　　　　姓名　　　　学号

8-15 读轴承盖零件图，在指定位置画出 *B*—*B* 剖视图(采用对称画法)，并回答下列问题(选读题,立体图见149页)。

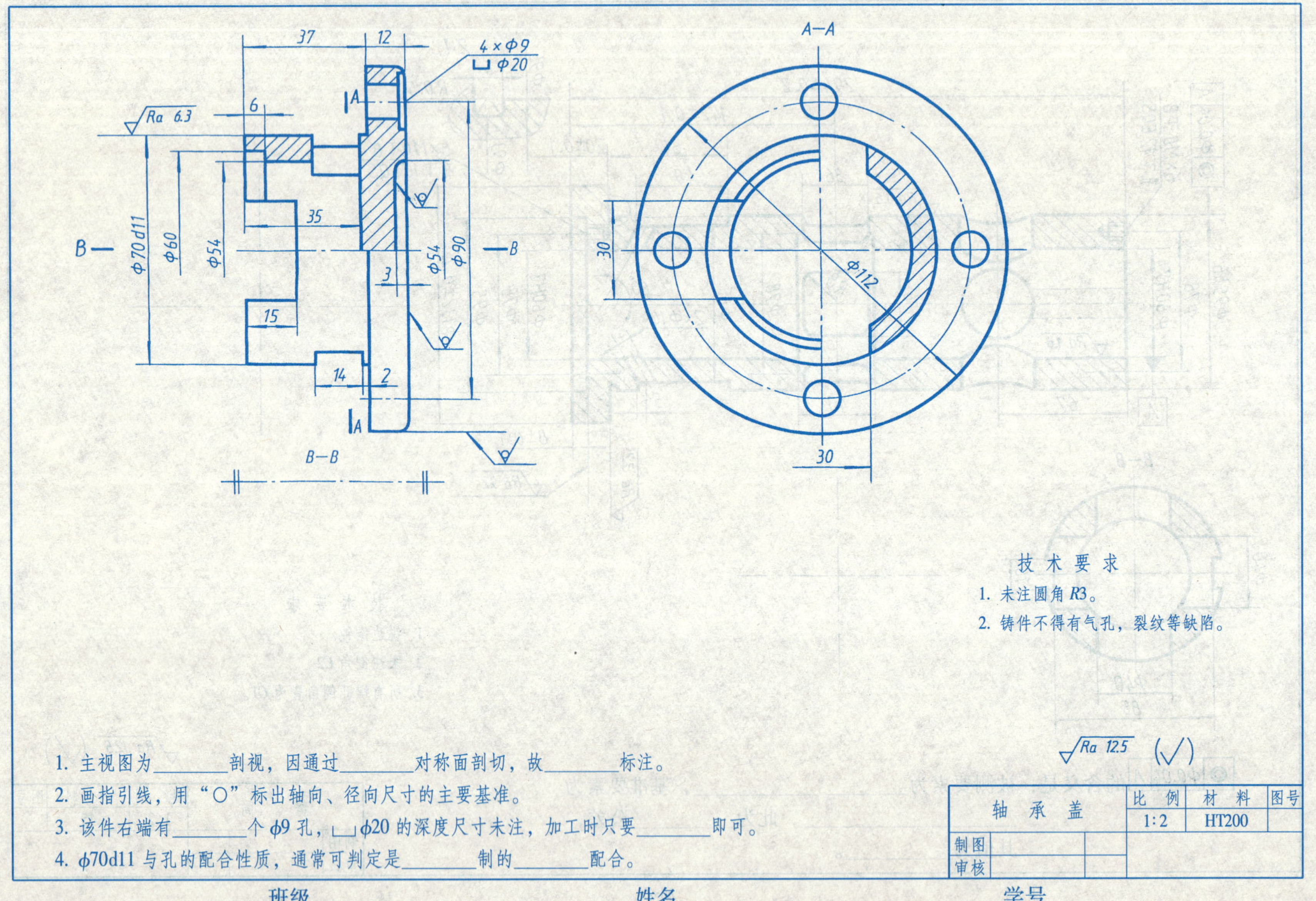

1. 主视图为________剖视，因通过________对称面剖切，故________标注。
2. 画指引线，用“○”标出轴向、径向尺寸的主要基准。
3. 该件右端有________个 φ9 孔，⌴φ20 的深度尺寸未注，加工时只要________即可。
4. φ70d11 与孔的配合性质，通常可判定是________制的________配合。

轴承盖		比例	材料	图号
		1:2	HT200	
制图				
审核				

班级　　　　姓名　　　　学号

8-16　读拨叉零件图(选读题,零件轴测图参看 149 页)。

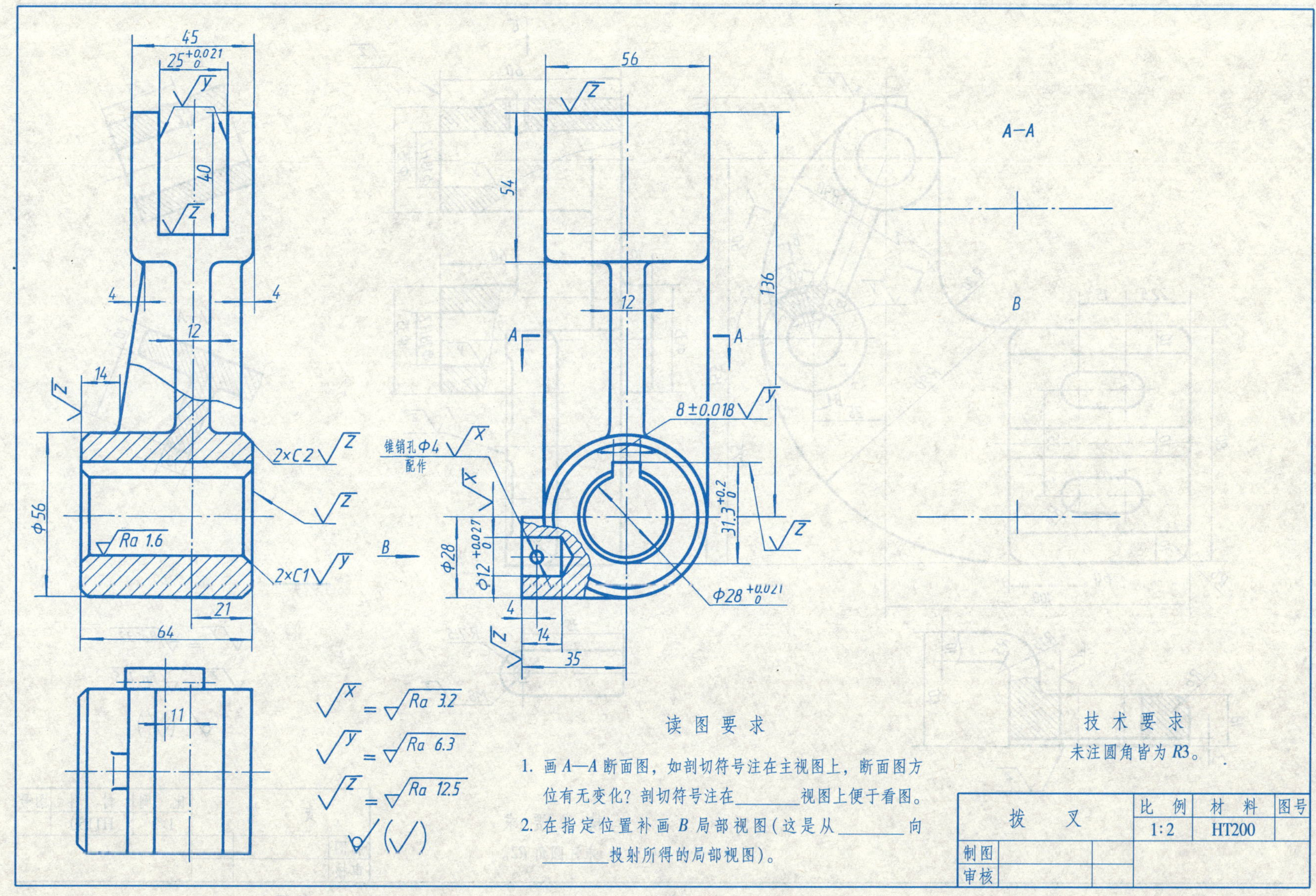

拨　叉		比　例	材　料	图号
		1:2	HT200	
制图				
审核				

班级　　姓名　　学号

8-17　读零件图：分析视图表达方法，想象出零件形状，熟悉各种标注方法(选读题，零件轴测图参看149页)。

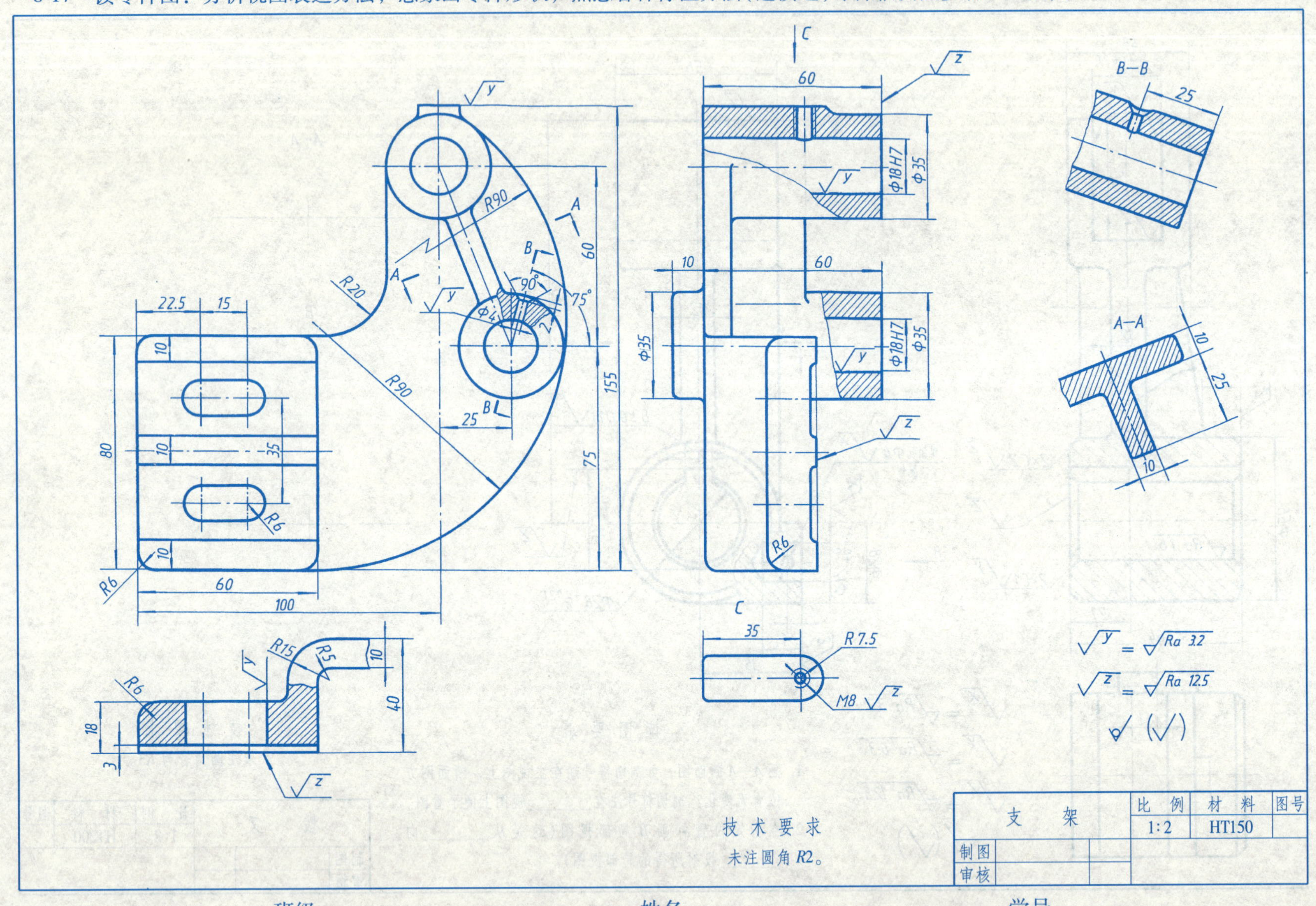

班级　　姓名　　学号

8-18 读减速机机盖零件图(要求:与下页图配合起来识读,并注意盖、座相关结构和尺寸的一致性)(选读题,零件轴测图见150页)。

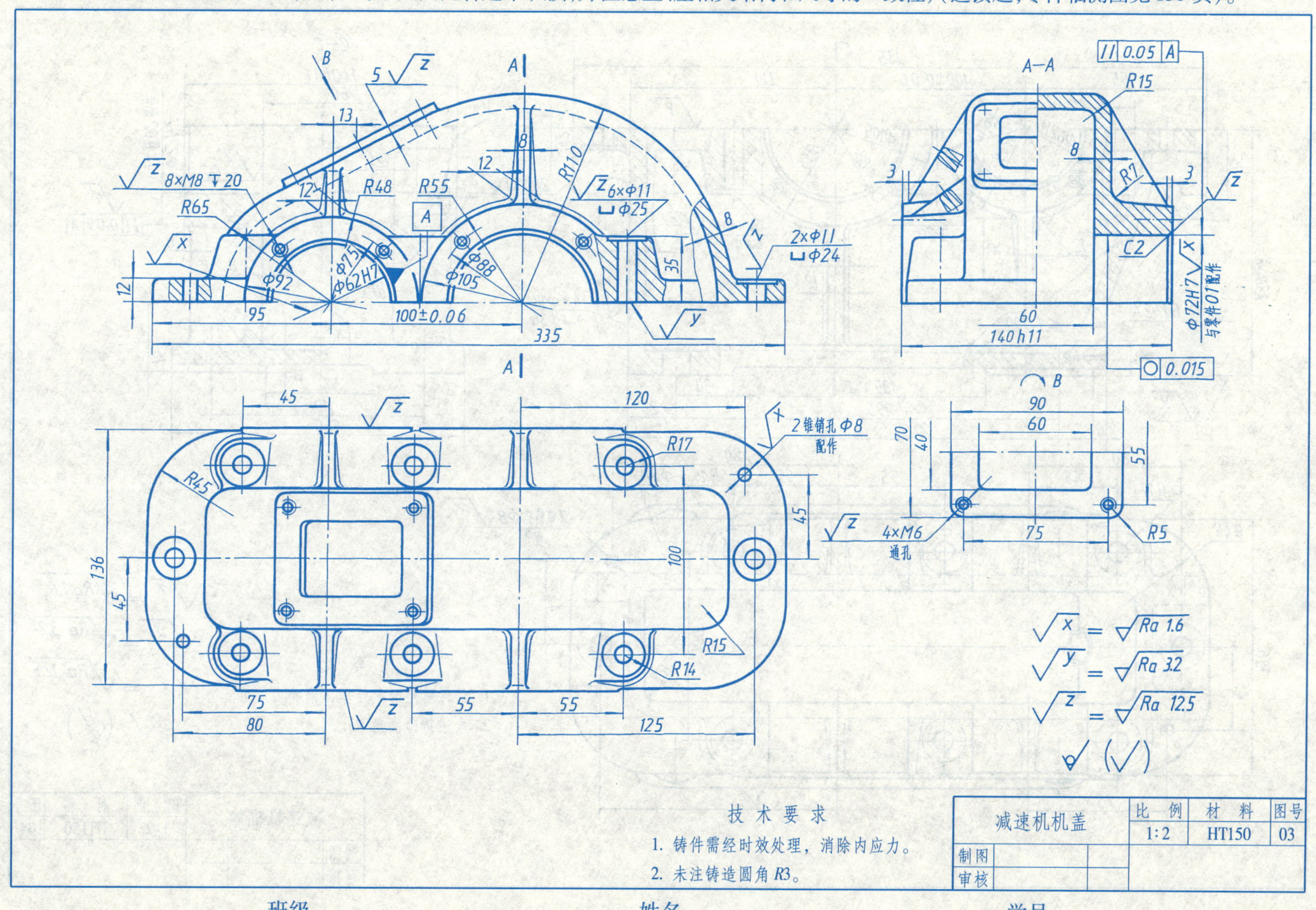

减速机机盖	比例	材料	图号
	1:2	HT150	03
制图			
审核			

班级　　姓名　　学号

8-19　读减速机机体零件图（要求：与上页图配合识读，注意相关结构、尺寸的一致性）（选读题，零件轴测图见 150 页）。

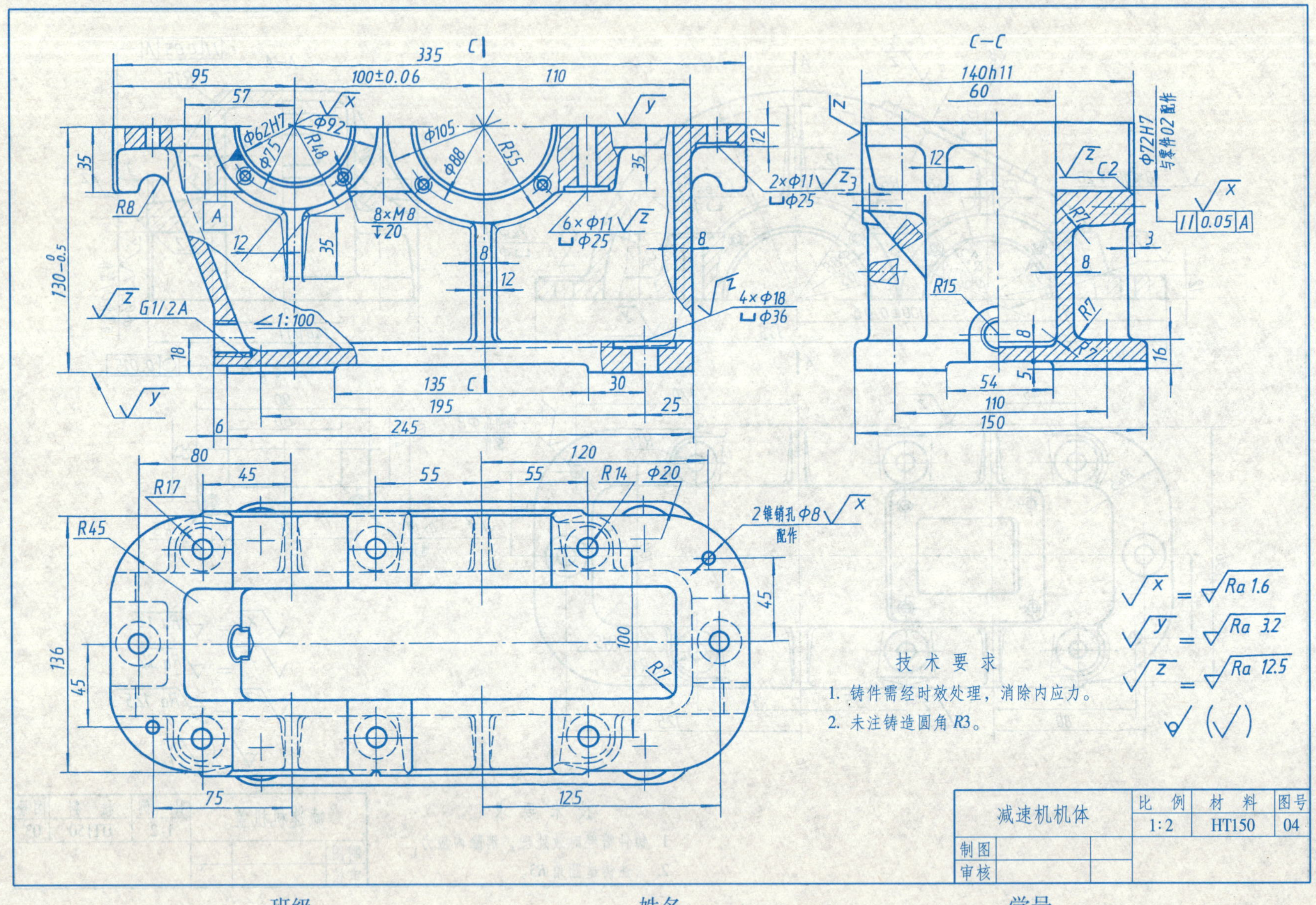

班级　　　　　　　　姓名　　　　　　　　学号

九、装配图 9-1 根据千斤顶装配示意图和零件图，画装配图。

作业8 画装配图

（一）作业目的

1. 熟悉和掌握装配图的内容和装配图的表达方法。

2. 了解绘制装配图的方法。

（二）内容与要求

1. 根据给出的题目(9-1、9-3)，由教师指定1题，画装配图。

2. 图幅由教师确定。

（三）注意事项(画图步骤)

1. 初步了解。根据名称和装配示意图，对装配体的功能进行粗略分析，并将其与零件图的相应序号相对照，区分一般零件和标准件，并确定其数量，分析装配图的复杂程度及大小。

2. 详读零件图。依据示意图详读零件图，进而分析装配顺序、零件之间的装配关系、连接方法，弄清传动路线、工作原理。

3. 确定表达方案，选择主视图和其他视图。

4. 合理布图。先画出各视图的作图基准线(主要装配干线、对称线等)。

5. 拟定画图顺序。画剖视图时，一般从装配干线入手，由内向外逐个画出各个零件的投影(也可酌情由外向里绘制)。

6. 注意相邻零件剖面线的画法。标注尺寸，填写技术要求，编好序号。

7. 作图后，应按装配图的内容，认真做一次全面检查和修正。

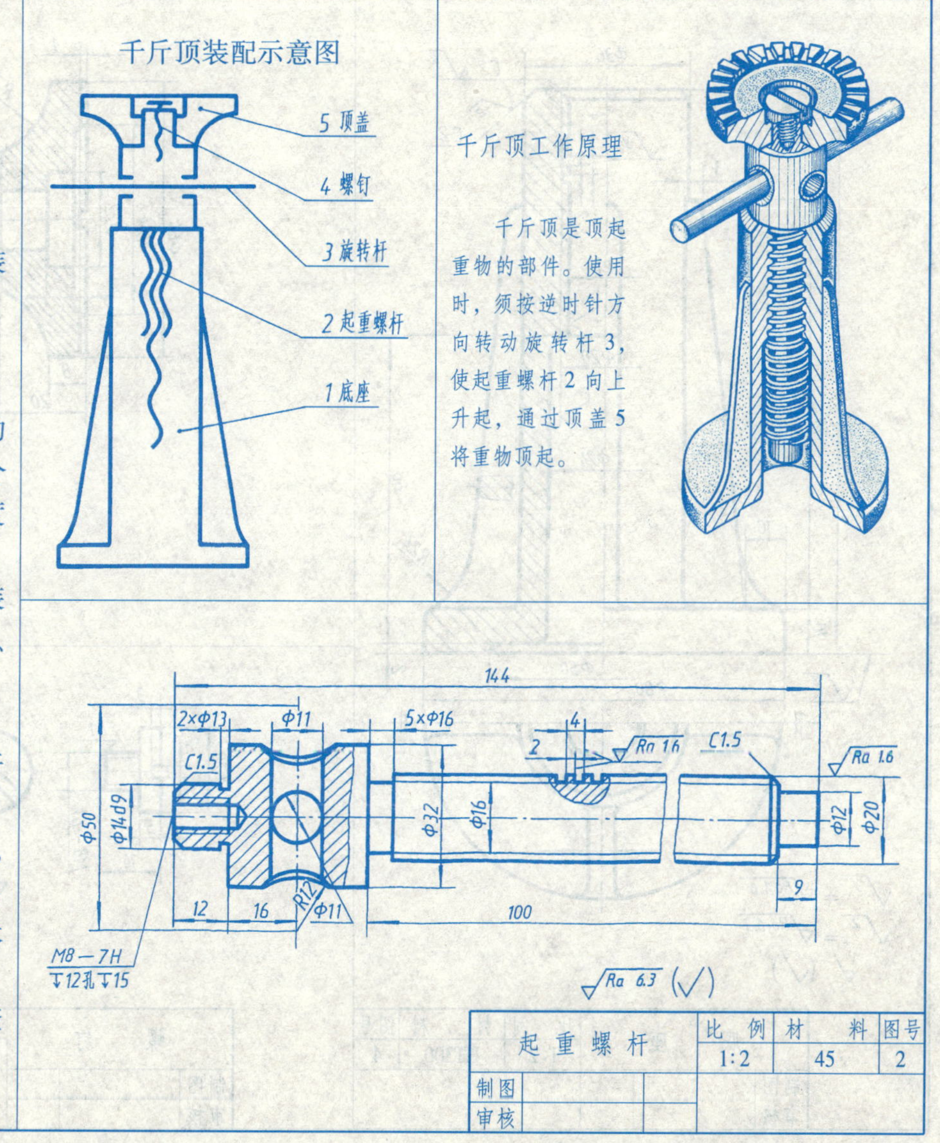

班级　　姓名　　学号

9-2 千斤顶零件图。

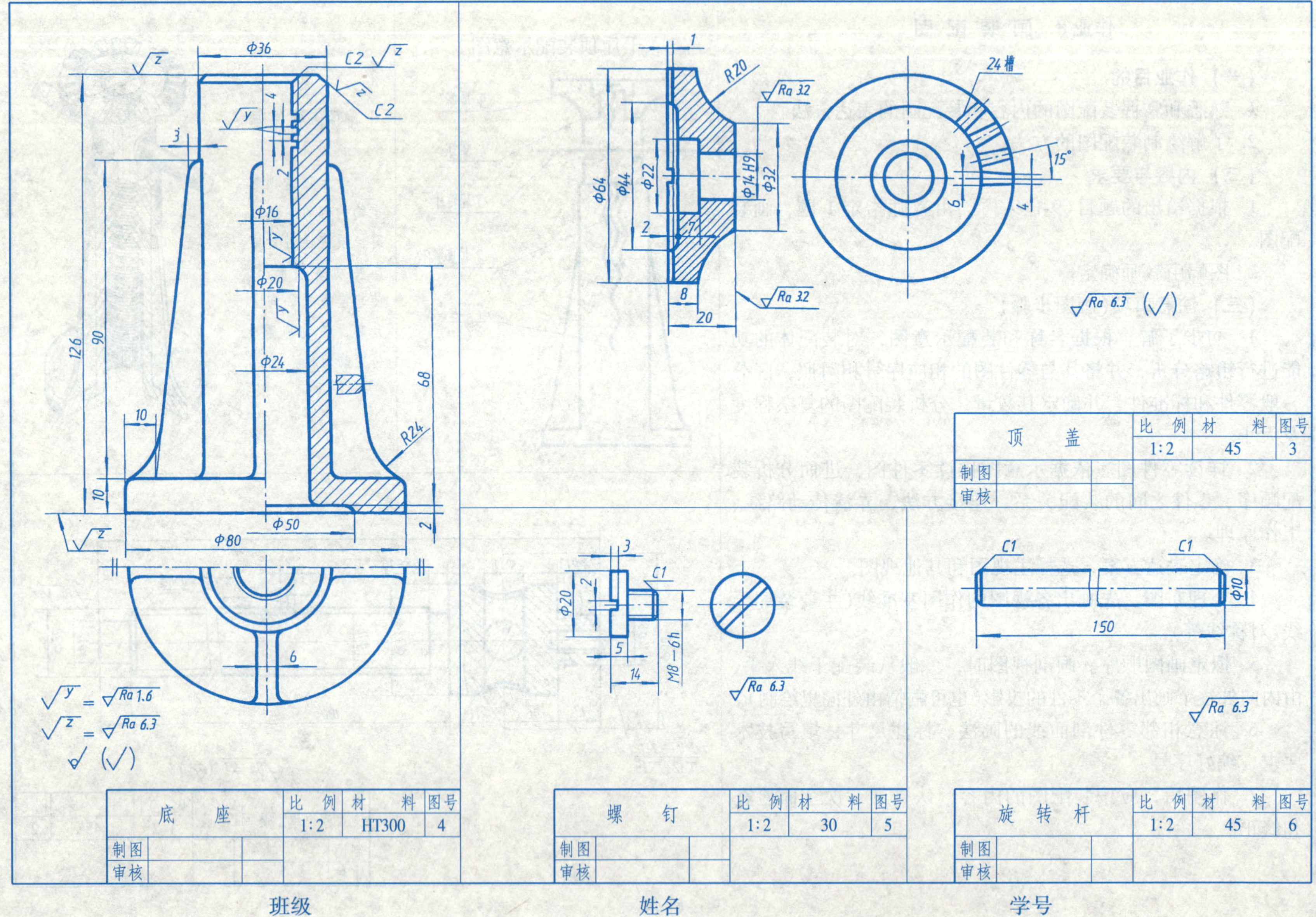

班级 姓名 学号

9-3 根据铣刀头的装配示意图和零件图，画装配图。

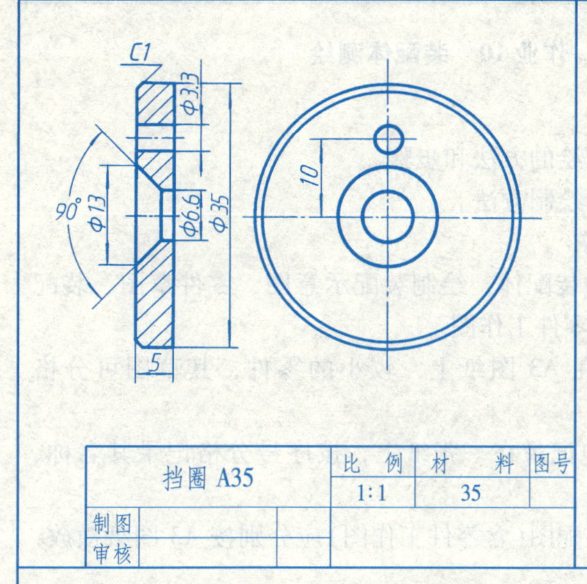

挡圈 A35		比 例	材 料	图号
		1:1	35	
制图				
审核				

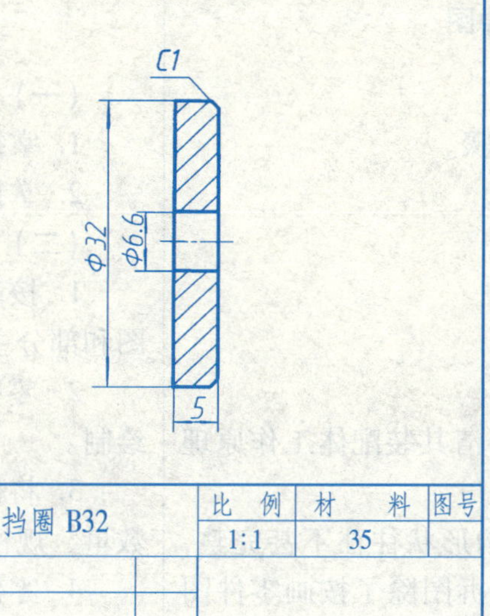

挡圈 B32		比 例	材 料	图号
		1:1	35	
制图				
审核				

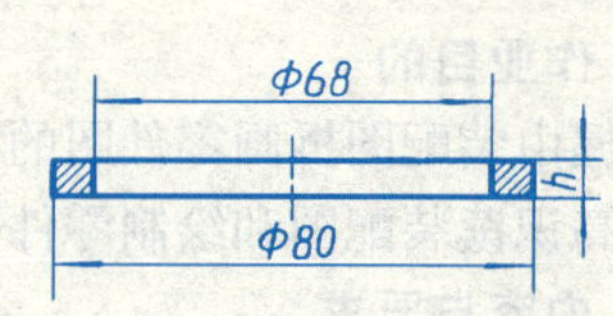

注：图中 h 根据装配时端盖与轴承之间的间隙而定。画图时，可按 $h \approx 5$ 绘制。

调 整 环		比 例	材 料	图号
		1:1	Q235—A	
制图				
审核				

铣刀头装配示意图

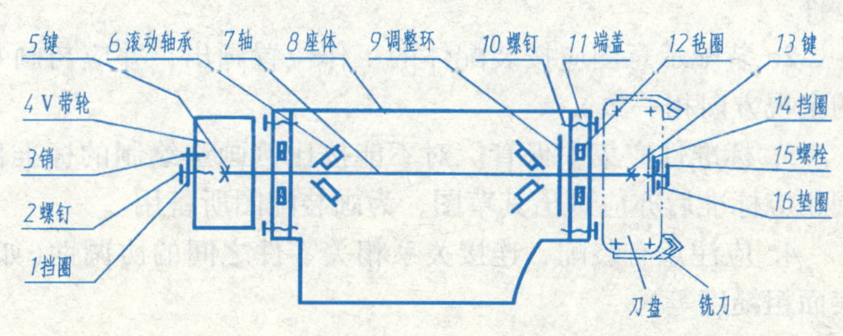

注：铣刀盘不属于该装配体。绘图时参照装配示意图，用双点画线画出。

铣刀头中标准件明细表

序号	名 称	数量	相关标准
1	挡圈 A35	1	GB/T 891—1986
2	螺钉 M6×18	1	GB/T 68—2000
3	销 A3×12	1	GB/T 119—2000
5	键 8×40	1	GB/T 1096—2003
6	滚动轴承 30307	2	GB/T 297—1984
10	螺钉 M8×22	12	GB/T 70—2000
12	毡圈	2	FJ 314—1981
13	键 6×20	2	GB/T 1096—2003
14	挡圈 B32	1	GB/T 892—1986
15	螺栓 M6×20	1	GB/T 5781—2000
16	垫圈 6	1	GB/T 93—1987

在教材中，铣刀头上的零件图还有：

1. 件 8（座体）：图 8-2
2. 件 4（带轮）：图 8-61
3. 件 11（端盖）：图 8-6
4. 件 7（轴）：图 8-5

班级　　　　姓名　　　　学号

作业9　由装配图拆画零件图

（一）作业目的

1. 掌握由装配图拆画零件图的方法和步骤。

2. 提高识读装配图和绘制零件图的能力。

（二）内容与要求

1. 按教师指定的题目，拆画零件图。

2. 按教师指定的题目，拆画零件草图。

（三）注意事项

1. 拆画零件图应在基本读懂装配图、弄清其装配体工作原理的基础上进行。

2. 由于装配图中所示的零件图形、结构形状往往不甚完整，尺寸尤其不全，技术要求又很有限。所以，拆图除了按画零件图的要求，使其具备完整的内容外，还要特别注意它与相关零件在结构形状、尺寸、表面粗糙度、极限与配合、几何公差、连接方式等方面的协调性或一致性。

3. 充分考虑零件工艺结构的合理性和标准件的标准化。

4. 拆画后，要认真地进行检查：以按此图加工出的零件组装成装配体，确保其功能的实现为尺度，重新审视、检查所有零件和标准件的可靠性，综合考虑组装的可能性、合理性和相关零件的协调性，以保证其机器能够有效地“动”起来。

作业10　装配体测绘

（一）作业目的

1. 掌握装配体测绘的方法和步骤。

2. 掌握装配图的绘制方法。

（二）内容与要求

1. 按教师指定的装配体，绘制装配示意图、零件草图、装配图和部分主要零件的零件工作图。

2. 零件草图画在A3图纸上，较小的零件，其草图可分格绘制。

3. 将标准件集中记录在一张纸上，按序号分格记录其名称、数量、规格和标准号。

4. 零件草图、装配图（含零件工作图）应分别按A3图纸横放，装订成册。

（三）注意事项

1. 注意装配体的拆卸顺序，无法拆卸者不可硬拆，以防损坏零件。

2. 装配示意图应按装配体的工作位置画出，并应与画装配图的主视方向相一致。

3. 标准件应集中保管。对不能按比例画法绘制的标准件，查阅相应标准后亦应画出其草图，为画装配图所备用。

4. 应注意有装配、连接关系相关零件之间的协调性（如尺寸、表面粗糙度等）。

5. 注意完整性问题（因反复拆、装，有些装配体上原有的密封件已损坏或丢失，绘图时不可遗漏）。

班级　　　　姓名　　　　学号

9-5 读旋阀装配图，并拆画件 1 阀体的零件草图(画在右方)。

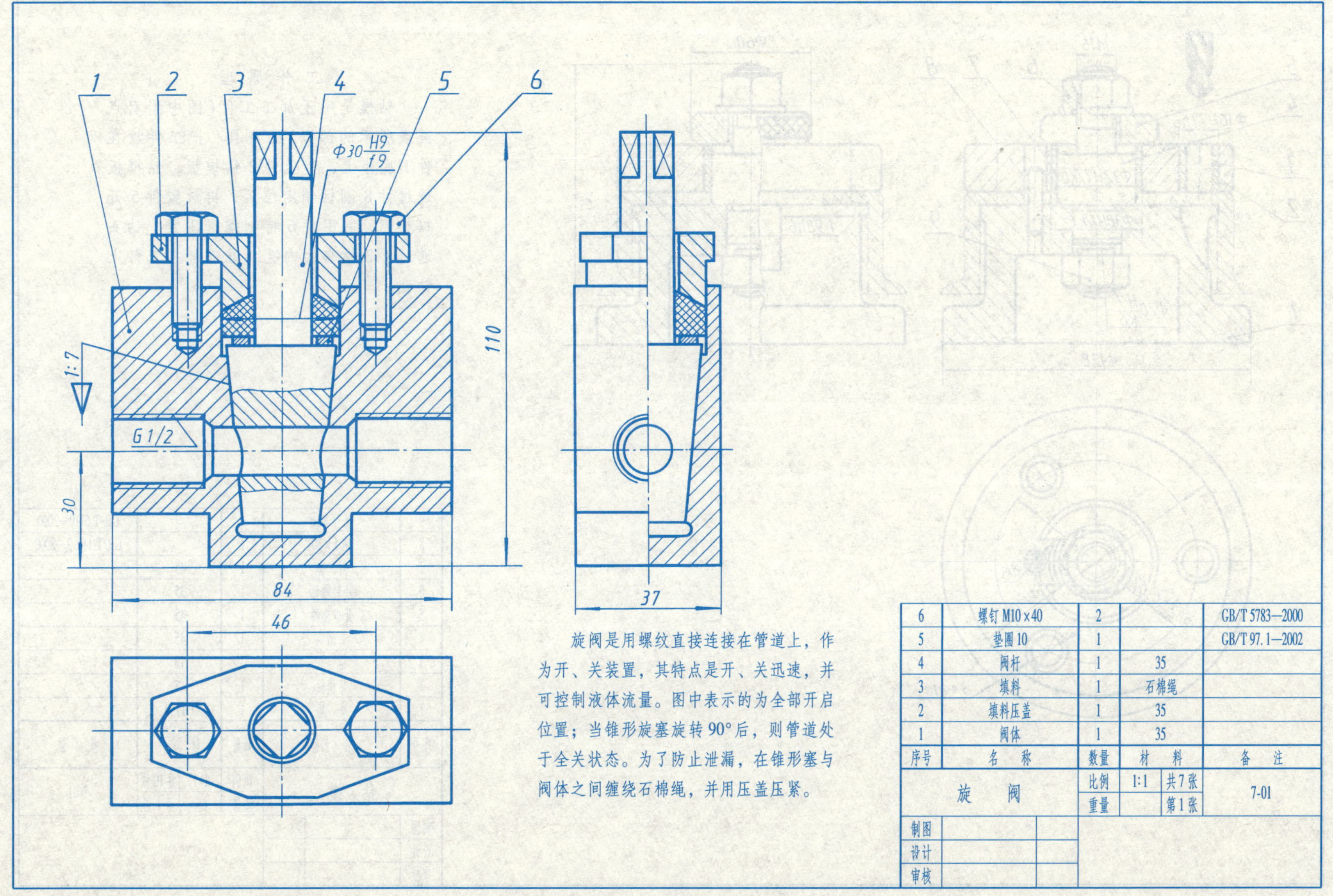

旋阀是用螺纹直接连接在管道上，作为开、关装置，其特点是开、关迅速，并可控制液体流量。图中表示的为全部开启位置；当锥形旋塞旋转 90°后，则管道处于全关状态。为了防止泄漏，在锥形塞与阀体之间缠绕石棉绳，并用压盖压紧。

6	螺钉 M10×40	2		GB/T 5783—2000
5	垫圈 10	1		GB/T 97.1—2002
4	阀杆	1	35	
3	填料	1	石棉绳	
2	填料压盖	1	35	
1	阀体	1	35	
序号	名　称	数量	材　料	备　注

旋　阀	比例	1:1	共 7 张	7-01
	重量		第 1 张	
制图				
设计				
审核				

班级　　　　姓名　　　　学号

9-6 读钻模装配图，并拆画件 1 底座的零件草图。

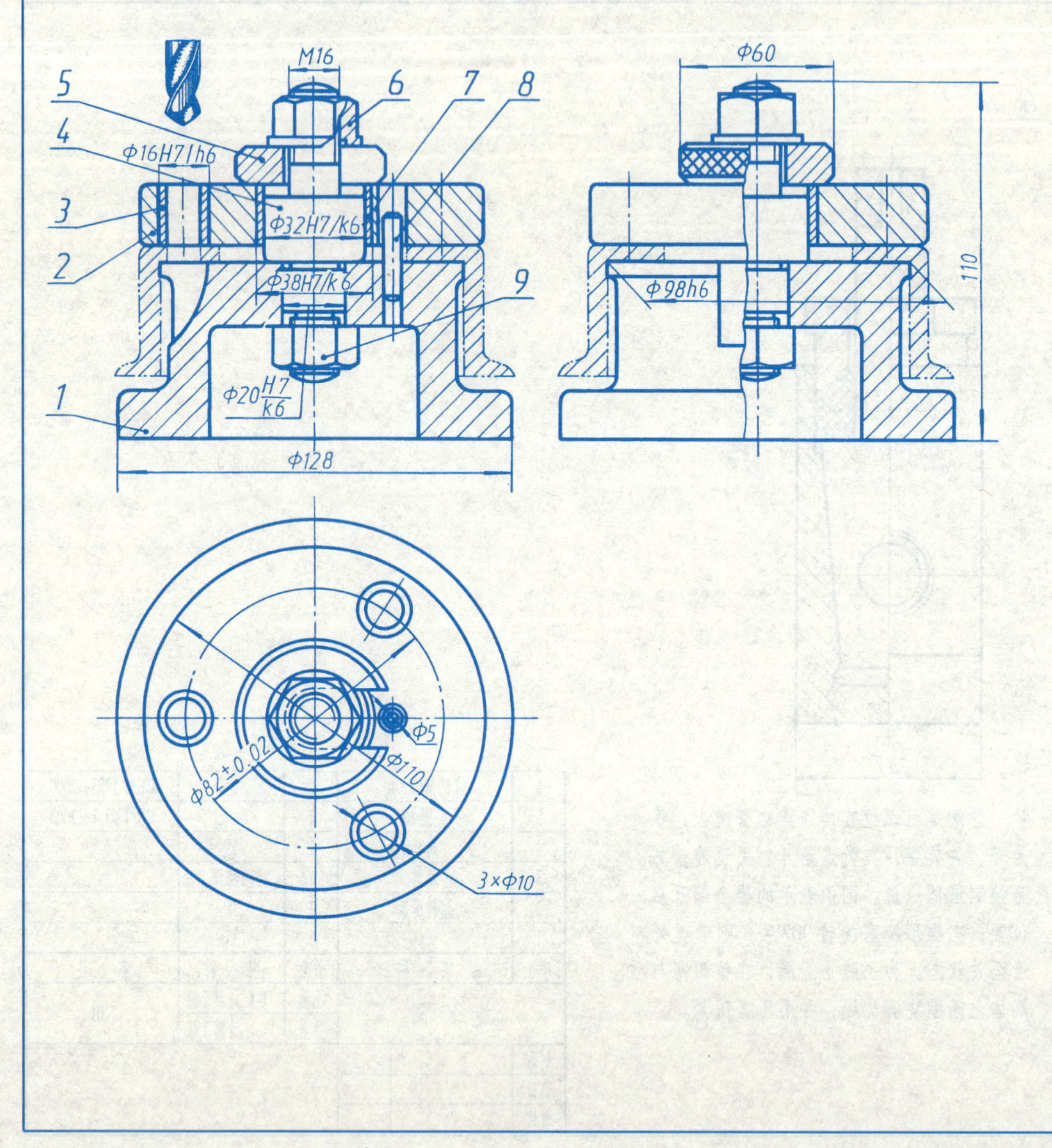

工 作 原 理

钻模是用于加工工件(图中用双点画线所示的部分)的夹具。把工件放在件 1 底座上，装上件 2 钻模板，钻模板通过件 8 圆柱销定位后，再放置件 5 开口垫圈，并用件 6 特制螺母压紧。钻头通过件 3 钻套的内孔，准确地在工件上钻孔。

序号	名　称	数量	材　料	备　注
9	螺母 M16	1		GB/T 6710—2000
8	销 5×30	1		GB/T 119.2—2000
7	衬　套	1	45	
6	特制螺母	1	35	
5	开口垫圈	1	45	
4	轴	1	45	
3	钻　套	3	T8	
2	钻模板	1	45	
1	底　座	1	HT150	

钻　模	比例	1:1	共 10 张	7-01
	质量		第 1 张	
制图				
设计				
审核				

班级　　　　　　姓名　　　　　　学号

9-7 读三通阀装配图，并拆画零件图(由教师指定零件)。

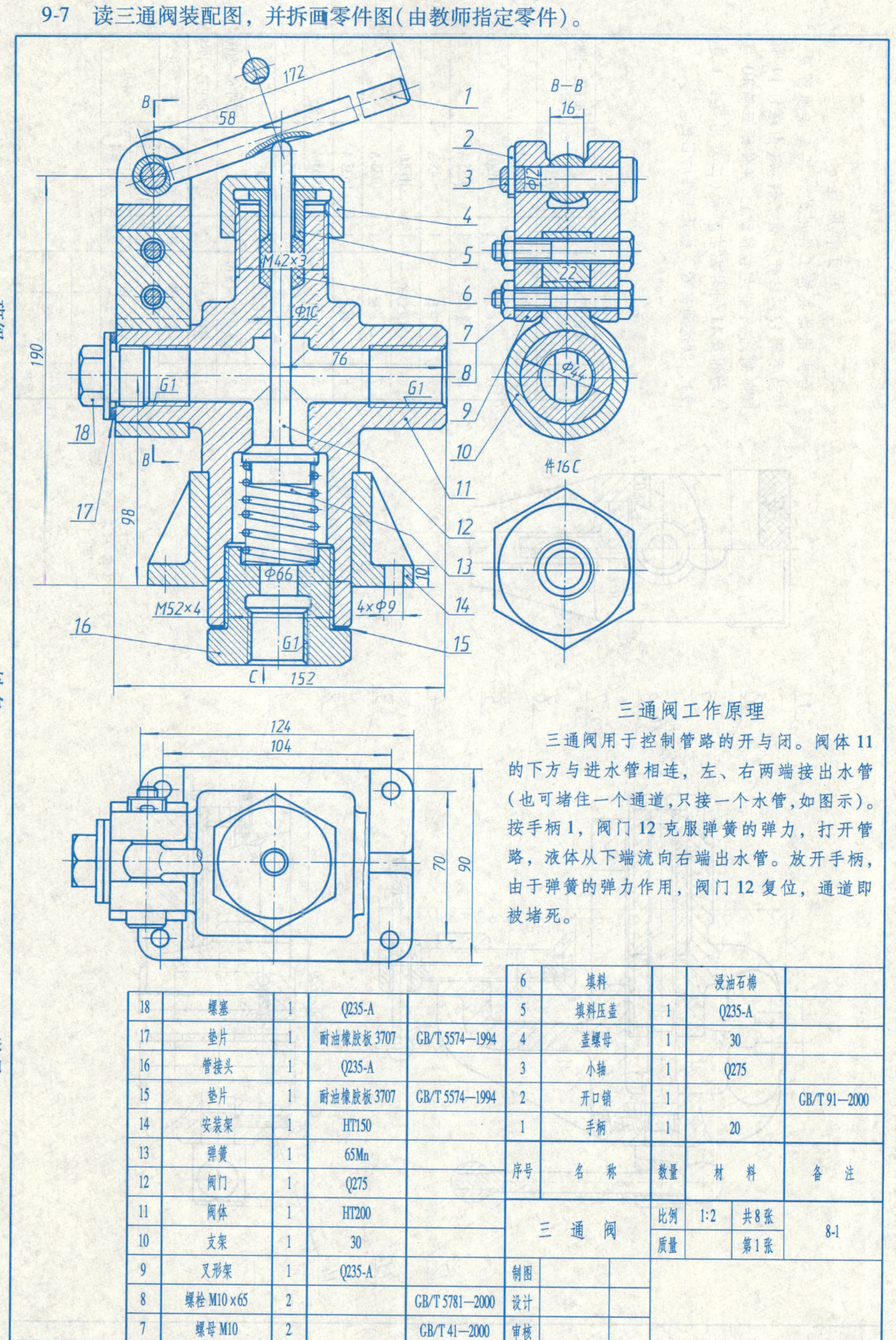

三通阀工作原理

三通阀用于控制管路的开与闭。阀体11的下方与进水管相连，左、右两端接出水管(也可堵住一个通道，只接一个水管，如图示)。按手柄1，阀门12克服弹簧的弹力，打开管路，液体从下端流向右端出水管。放开手柄，由于弹簧的弹力作用，阀门12复位，通道即被堵死。

序号	名称	数量	材料	备注
18	螺塞	1	Q235-A	
17	垫片	1	耐油橡胶板3707	GB/T 5574—1994
16	管接头	1	Q235-A	
15	垫片	1	耐油橡胶板3707	GB/T 5574—1994
14	安装架	1	HT150	
13	弹簧	1	65Mn	
12	阀门	1	Q275	
11	阀体	1	HT200	
10	支架	1	30	
9	叉形架	1	Q235-A	
8	螺栓 M10×65	2		GB/T 5781—2000
7	螺母 M10	2		GB/T 41—2000
6	填料		浸油石棉	
5	填料压盖	1	Q235-A	
4	盖螺母	1	30	
3	小轴	1	Q275	
2	开口销	1		GB/T 91—2000
1	手柄	1	20	

三通阀	比例	1:2	共8张	8-1
	质量		第1张	
制图				
设计				
审核				

班级 姓名 学号

9-8　读台虎钳装配图，并拆画 2 ~3 个零件(由教师指定)的零件工作图。

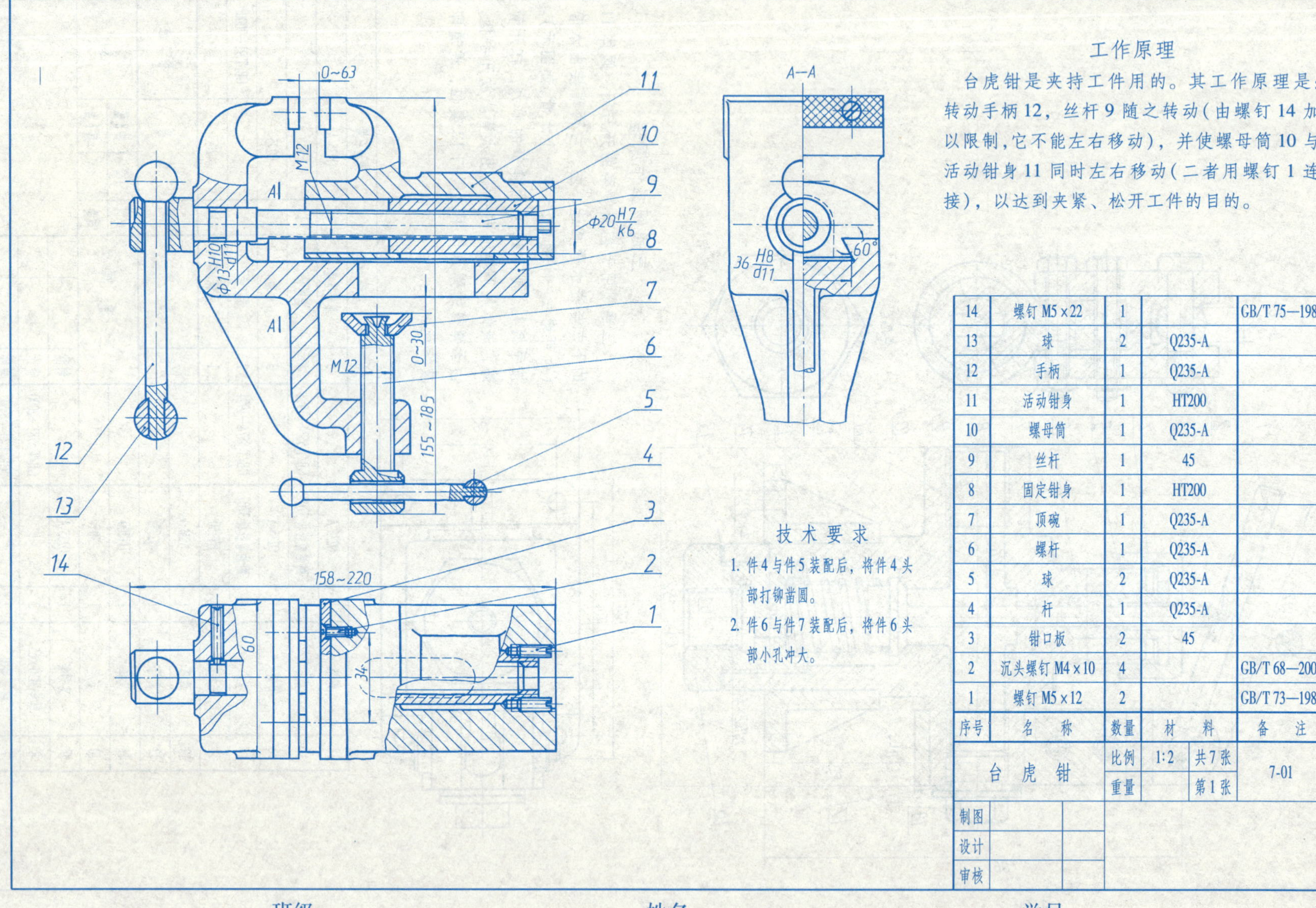

工作原理

台虎钳是夹持工件用的。其工作原理是：转动手柄 12，丝杆 9 随之转动(由螺钉 14 加以限制，它不能左右移动)，并使螺母筒 10 与活动钳身 11 同时左右移动(二者用螺钉 1 连接)，以达到夹紧、松开工件的目的。

技术要求

1. 件4与件5装配后，将件4头部打铆凿圆。
2. 件6与件7装配后，将件6头部小孔冲大。

序号	名　称	数量	材　料	备　注
14	螺钉 M5×22	1		GB/T 75—1985
13	球	2	Q235-A	
12	手柄	1	Q235-A	
11	活动钳身	1	HT200	
10	螺母筒	1	Q235-A	
9	丝杆	1	45	
8	固定钳身	1	HT200	
7	顶碗	1	Q235-A	
6	螺杆	1	Q235-A	
5	球	2	Q235-A	
4	杆	1	Q235-A	
3	钳口板	2	45	
2	沉头螺钉 M4×10	4		GB/T 68—2000
1	螺钉 M5×12	2		GB/T 73—1985

台 虎 钳	比例	1:2	共7张	7-01
	重量		第1张	

制图		
设计		
审核		

班级　　　　姓名　　　　学号

9-9 读截止阀装配图(选读题,装配体直观图见 150 页)。

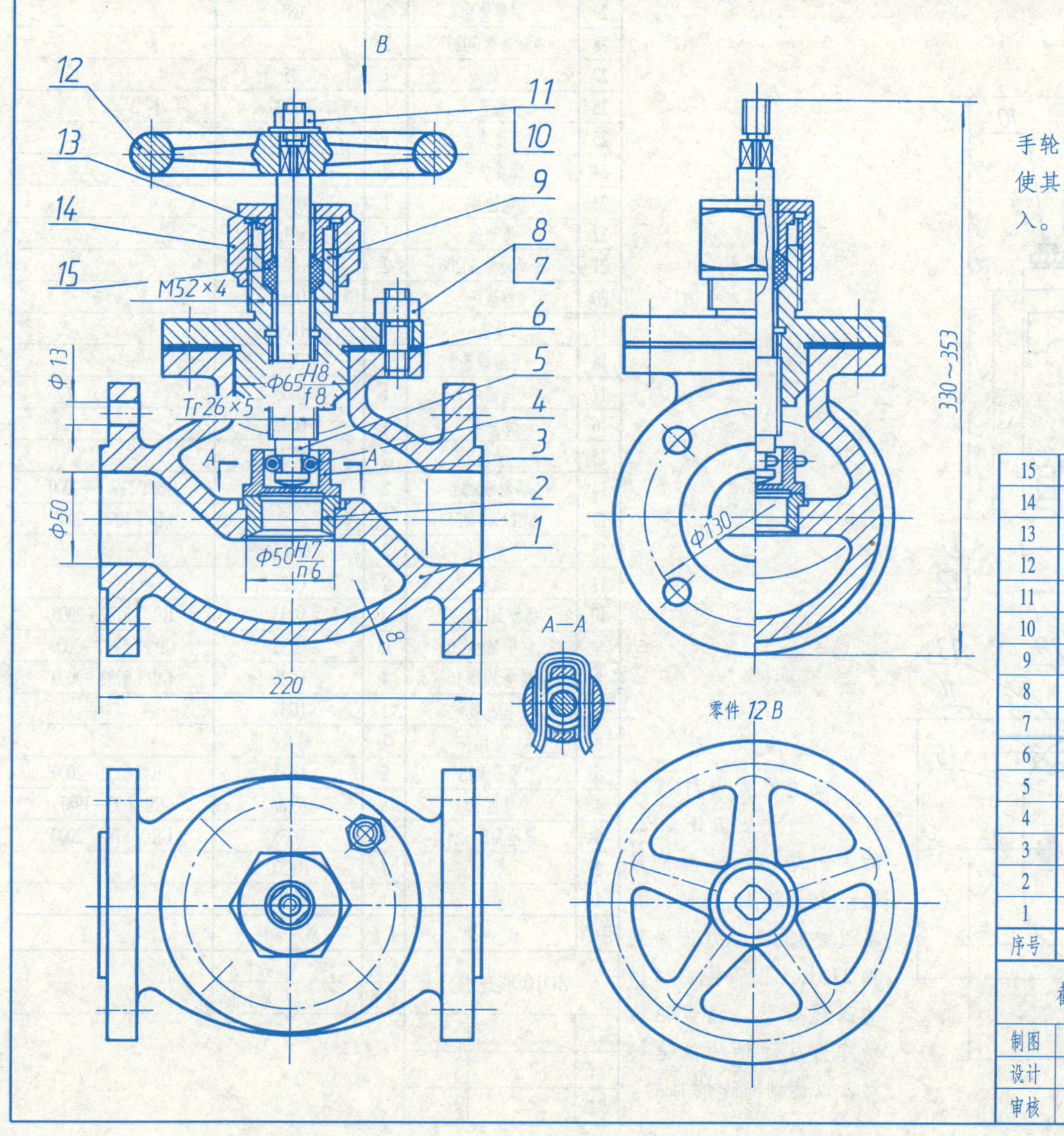

工作原理

截止阀是控制输液管路中的一个启、闭装置，逆时针转动手轮 12，阀杆 5 随之转动，通过与阀盖 9 间螺纹的传动作用，使其上升，并由插销 4 带动阀盘 3 上升，管路接通，液体输入。顺时针转动手轮，阀盘下降，堵住通道，输液则停止。

技 术 要 求

1. 常用压力 $p=1.57$MPa。
2. 装配后进行水压试验和密封性试验。

序号	名称	数量	材料	备注
15	填料		浸油石棉	
14	盖螺母	1	ZCuSn5Pb5Zn5	
13	压盖	1	ZCuSn5Pb5Zn5	
12	手轮	1	HT150	
11	螺母 M12	1		GB/T 6170—2000
10	垫圈 12	1		GB/T 97.1—2002
9	阀盖	1	ZCuSn5Pb5Zn5	
8	螺母 M10	4		GB/T 6170—2000
7	螺柱 M10×30	4		GB/T 898—1988
6	垫片	1	软钢纸板	GB/T 365—1986
5	阀杆	1	H96	
4	插销	1	Q215-A	
3	阀盘	1	ZCuSn10Zn2	
2	阀座	1	ZCuSn10Zn2	
1	阀体	1	ZCuSn5Pb5Zn5	

截 止 阀	比例	1:2	共 张	02
	重量		第 张	
制图				
设计				
审核				

班级 姓名 学号

9-10 读减速机装配图（选读题，装配体轴测图见 150 页）。

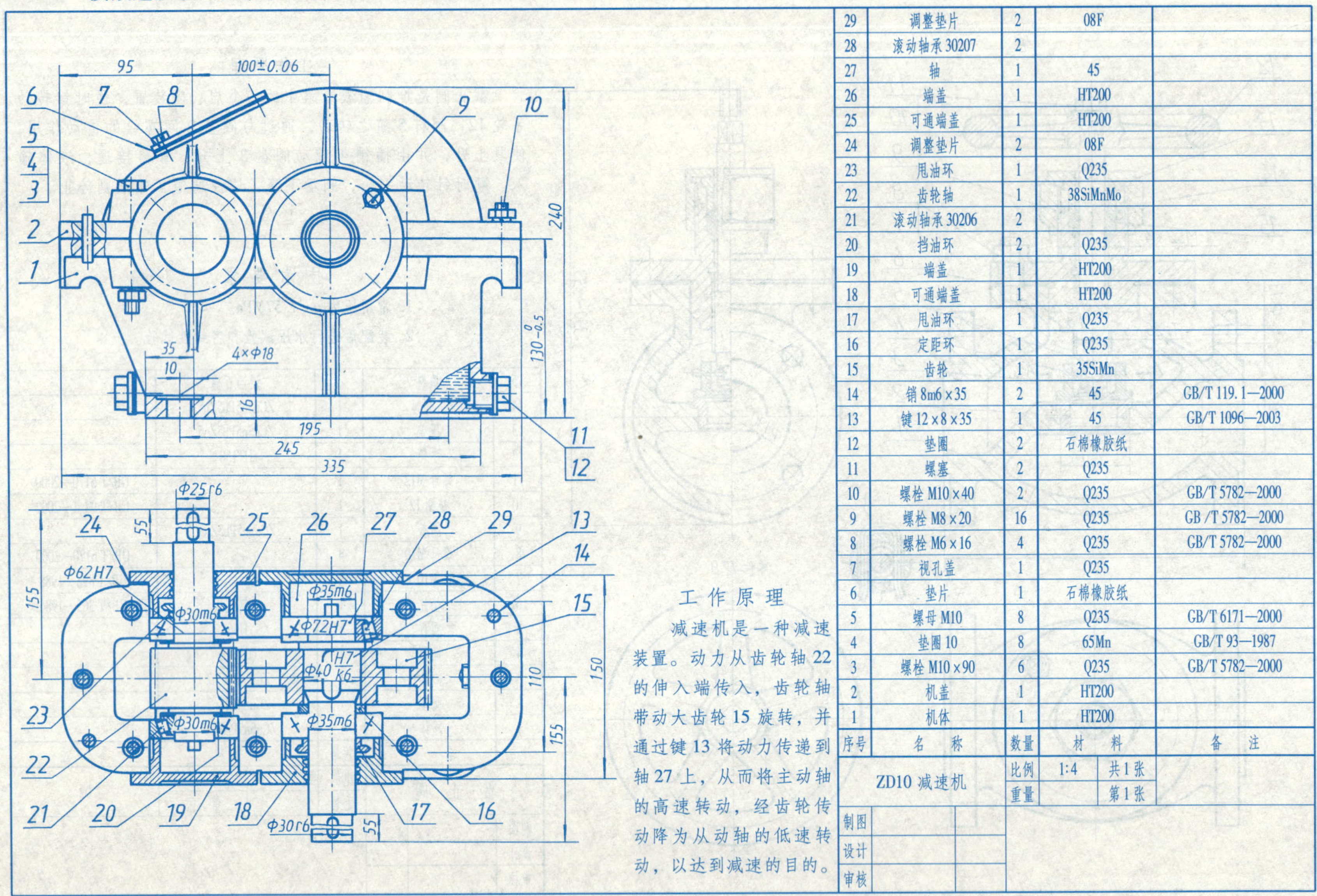

序号	名称	数量	材料	备注
29	调整垫片	2	08F	
28	滚动轴承 30207	2		
27	轴	1	45	
26	端盖	1	HT200	
25	可通端盖	1	HT200	
24	调整垫片	2	08F	
23	甩油环	1	Q235	
22	齿轮轴	1	38SiMnMo	
21	滚动轴承 30206	2		
20	挡油环	2	Q235	
19	端盖	1	HT200	
18	可通端盖	1	HT200	
17	甩油环	1	Q235	
16	定距环	1	Q235	
15	齿轮	1	35SiMn	
14	销 8m6×35	2	45	GB/T 119.1—2000
13	键 12×8×35	1	45	GB/T 1096—2003
12	垫圈	2	石棉橡胶纸	
11	螺塞	2	Q235	
10	螺栓 M10×40	2	Q235	GB/T 5782—2000
9	螺栓 M8×20	16	Q235	GB/T 5782—2000
8	螺栓 M6×16	4	Q235	GB/T 5782—2000
7	视孔盖	1	Q235	
6	垫片	1	石棉橡胶纸	
5	螺母 M10	8	Q235	GB/T 6171—2000
4	垫圈 10	8	65Mn	GB/T 93—1987
3	螺栓 M10×90	6	Q235	GB/T 5782—2000
2	机盖	1	HT200	
1	机体	1	HT200	

ZD10 减速机	比例	1:4	共1张
	重量		第1张
制图			
设计			
审核			

工作原理

减速机是一种减速装置。动力从齿轮轴 22 的伸入端传入，齿轮轴带动大齿轮 15 旋转，并通过键 13 将动力传递到轴 27 上，从而将主动轴的高速转动，经齿轮传动降为从动轴的低速转动，以达到减速的目的。

班级　　　　姓名　　　　学号

十、第三角画法　10-1　绘制、识读第三角视图。

1. 根据轴测图，徒手画出六个基本视图。

2. 根据主、俯、右三视图，补画左、仰、后三视图。

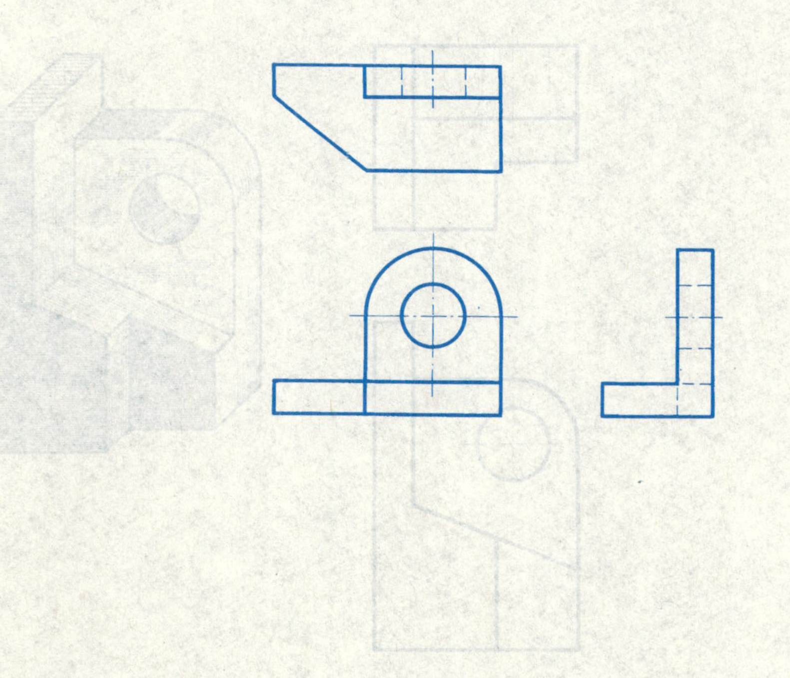

班级　　　姓名　　　学号

10-2 读第三角视图。

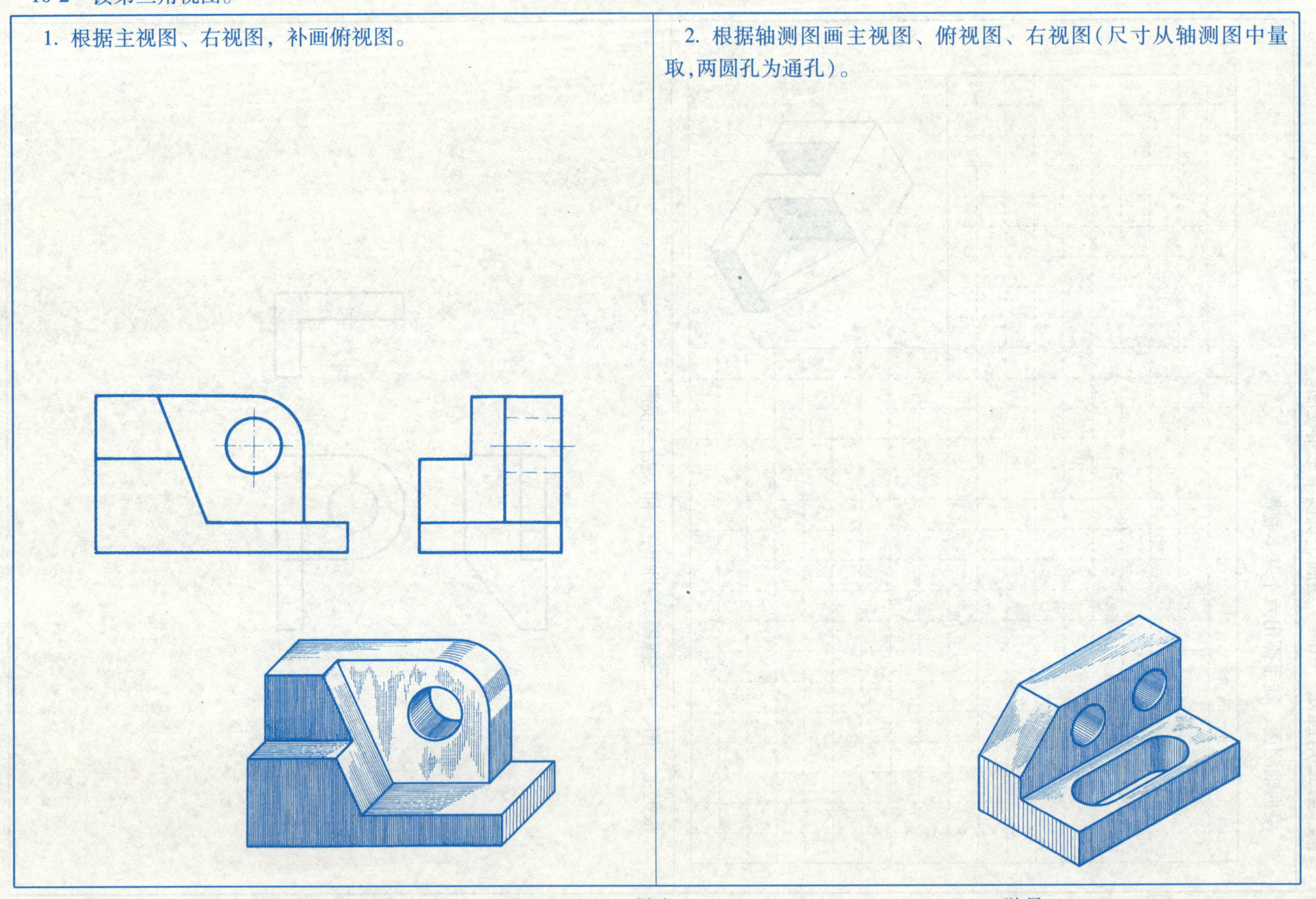

1. 根据主视图、右视图，补画俯视图。

2. 根据轴测图画主视图、俯视图、右视图(尺寸从轴测图中量取,两圆孔为通孔)。

班级 姓名 学号

10-3　读第三角零件图（零件轴测图参看 149 页）。

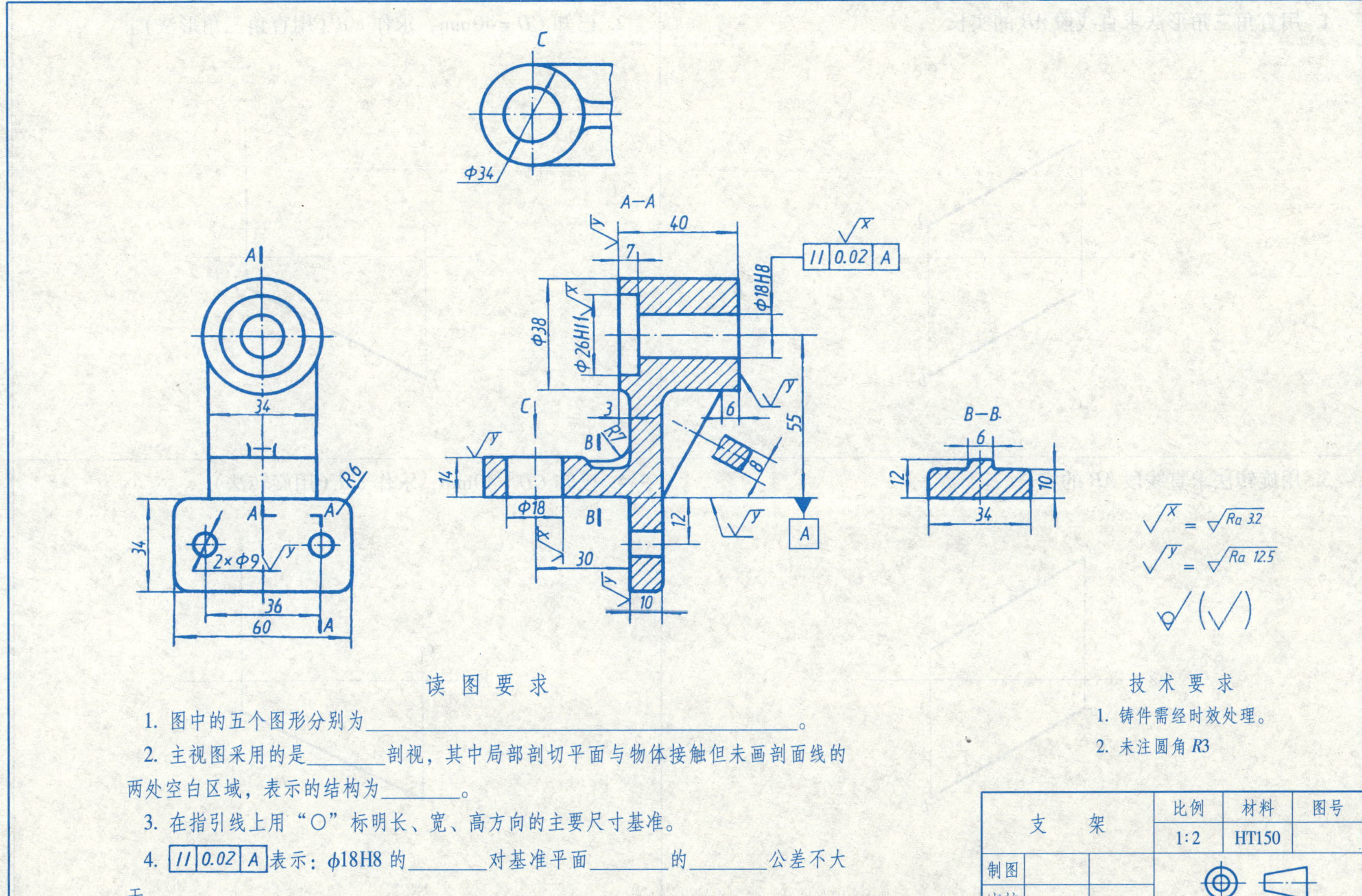

读 图 要 求

1. 图中的五个图形分别为________________________________。

2. 主视图采用的是________剖视，其中局部剖切平面与物体接触但未画剖面线的两处空白区域，表示的结构为________。

3. 在指引线上用“○”标明长、宽、高方向的主要尺寸基准。

4. | // | 0.02 | A | 表示：ϕ18H8 的________对基准平面________的________公差不大于________。

技 术 要 求

1. 铸件需经时效处理。

2. 未注圆角 $R3$

支　架		比例	材料	图号
		1:2	HT150	
制图				
审核				

班级　　　　姓名　　　　学号

十一、其他图样 11-1 求直线的实长（保留作图线）。

1. 用直角三角形法求直线段 AB 的实长。

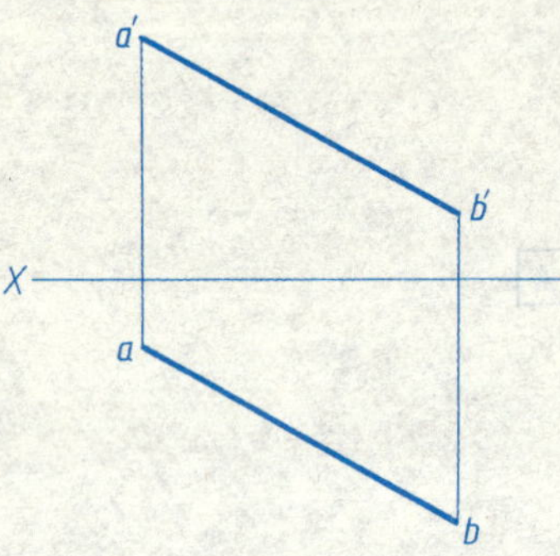

2. 已知 $CD=40\text{mm}$，求作 $c'd'$（用直角三角形法）。

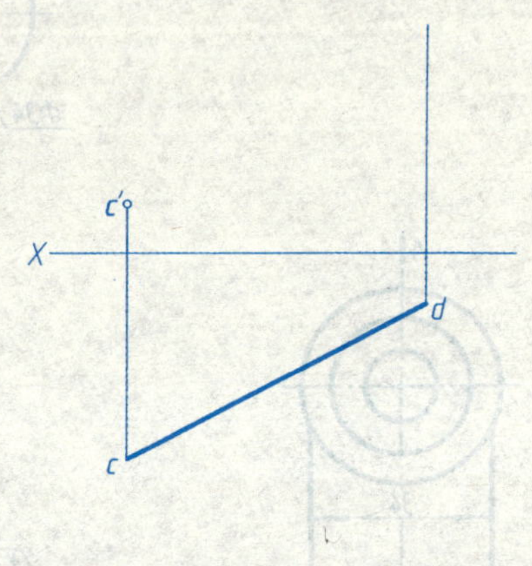

3. 用旋转法求直线段 AB 的实长。

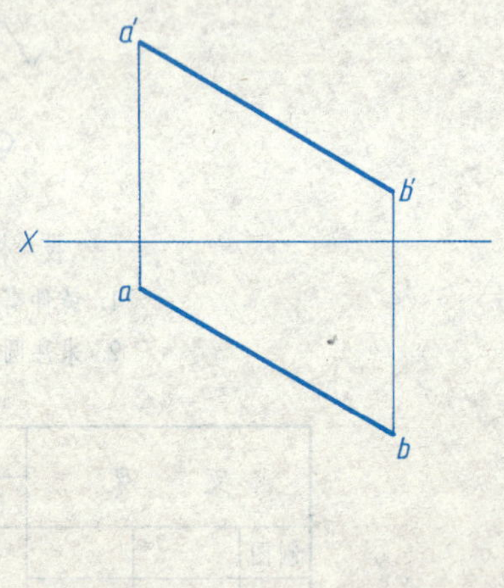

4. 已知 $CD=40\text{mm}$，求作 $c'd'$（用旋转法）。

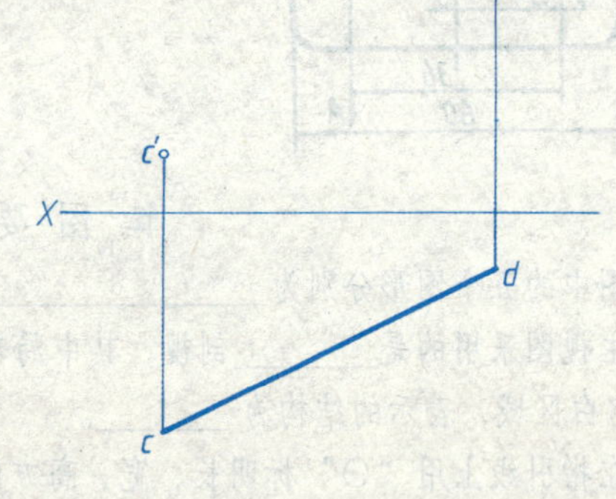

班级　　　　姓名　　　　学号

作业11 制作纸型

（一）目的

熟悉展开图的绘制过程。

（二）内容与要求

1. 按教师指定的题目，用A2图纸绘制展开图。

2. 将展开图剪下来，粘贴成纸型。

（三）注意事项

1. 将制件按组合特点，分解成若干部分。

2. 相交的两体，应先在投影图上求出相贯线的投影，然后分别将两体的表面展开。

3. 画展开图时要合理地安排图纸，避免超出图纸或图形重叠。

4. 作图力求准确，可全部用细实线描深。

5. 不必标注尺寸。

6. 粘贴组合时，注意各部分接口的方位应与图例一致。

7. 粘贴之前，请阅读“制作纸型注意事项”。

（四）图例

右图(也可作为作业题)。

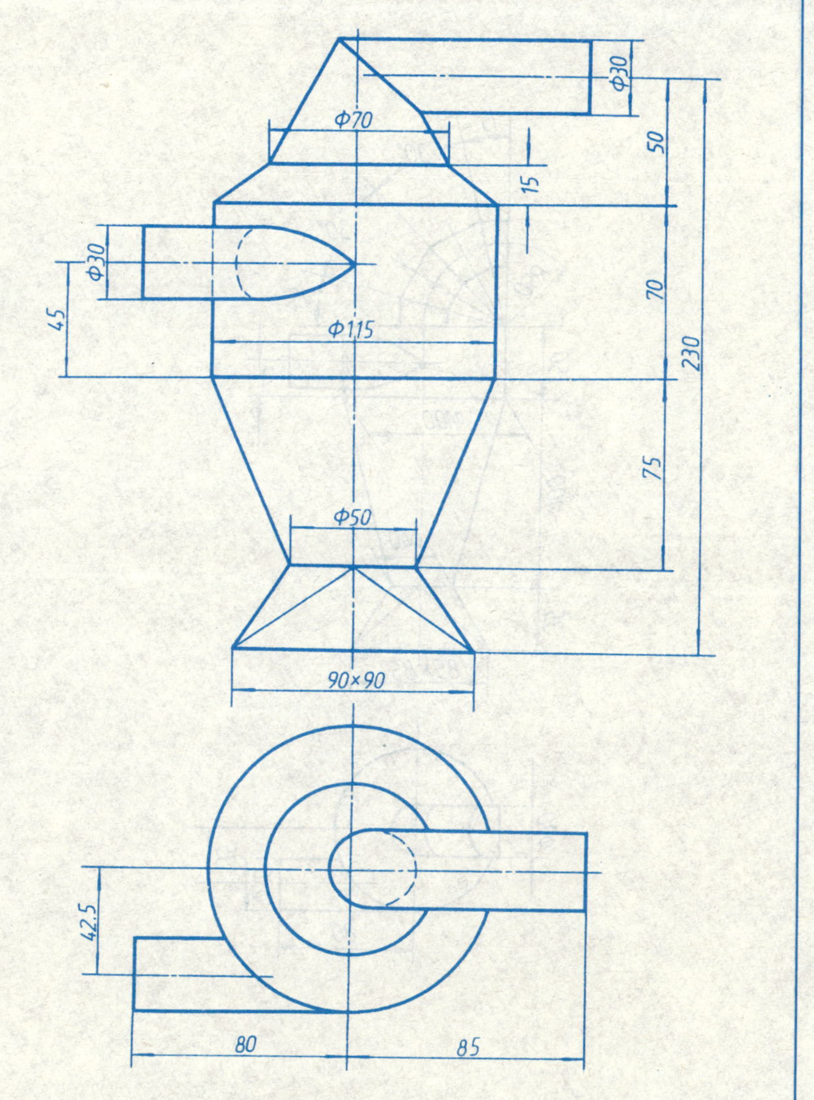

班级 姓名 学号

11-3　展开图作业题。

制 作 纸 型

将制件的各部分展开图用剪刀剪下来，用胶带纸(或浆糊)进行粘贴组合，作成制件的纸型。

注意事项：

1. 每一组成部分接缝处都要留出一定的余量(如下图的细虚线部分)，以便于粘合。

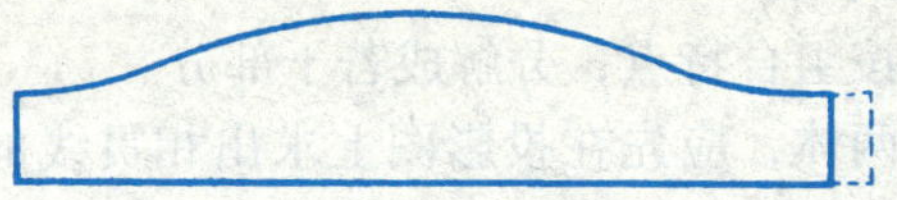

2. 各组成部分之间的接缝处，也要留出一定的余量，以便于相互粘合，如下图(细虚线为剪口线)。

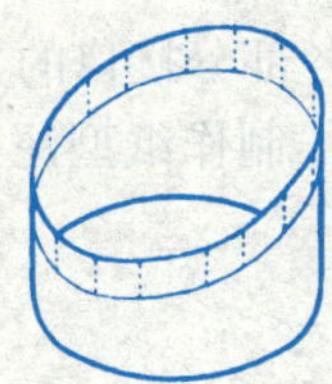

3. 粘贴时要对齐，不要歪斜。发现展开图画得不够准确的地方，可作必要的修正。

班级　　　　　　　　姓名　　　　　　　　学号

11-4　金属焊接图(一)。

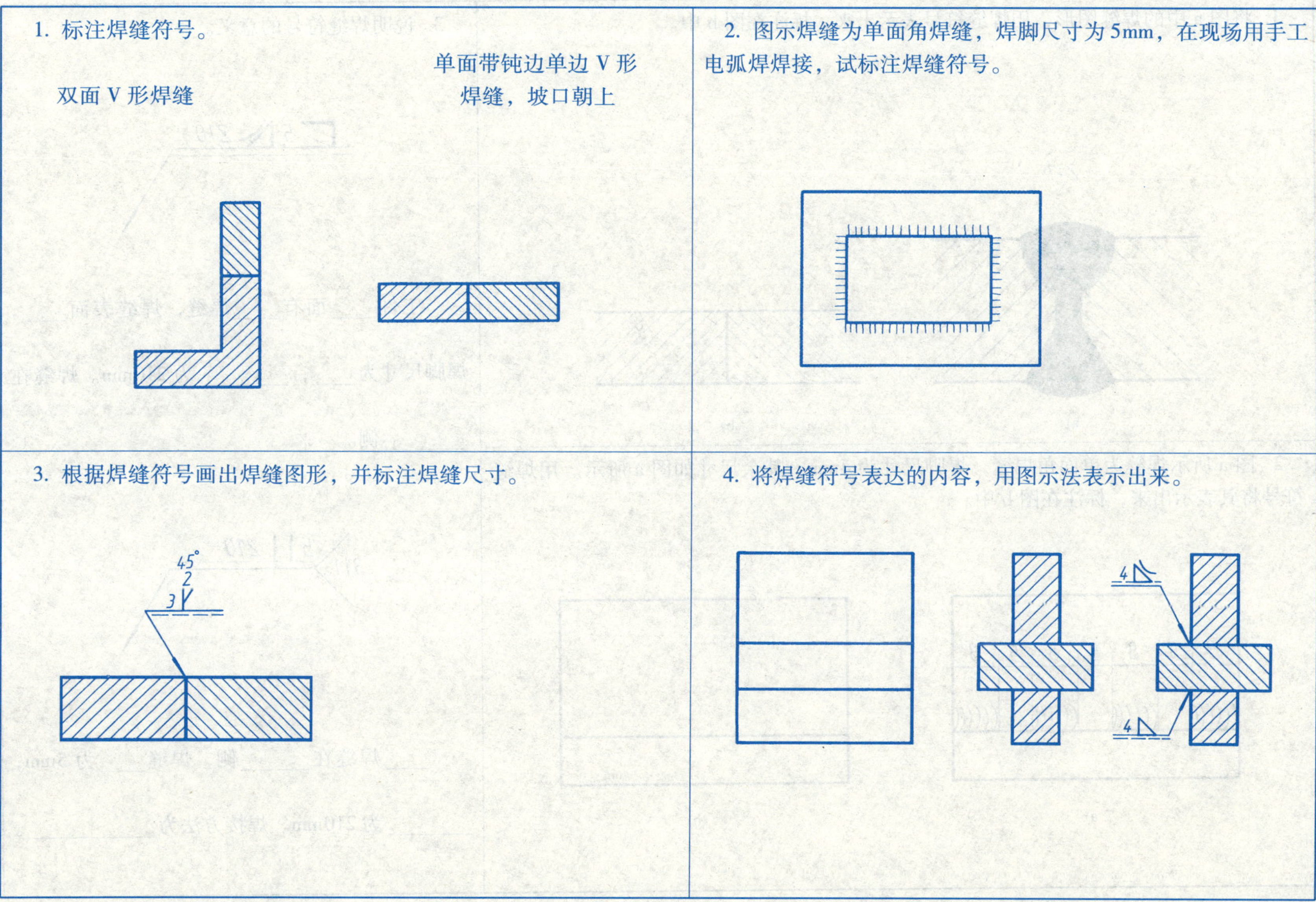

班级　　　　姓名　　　　学号

1. 将图 a 中的焊缝图形，用焊缝符号表示出来，标注在图 b 中。

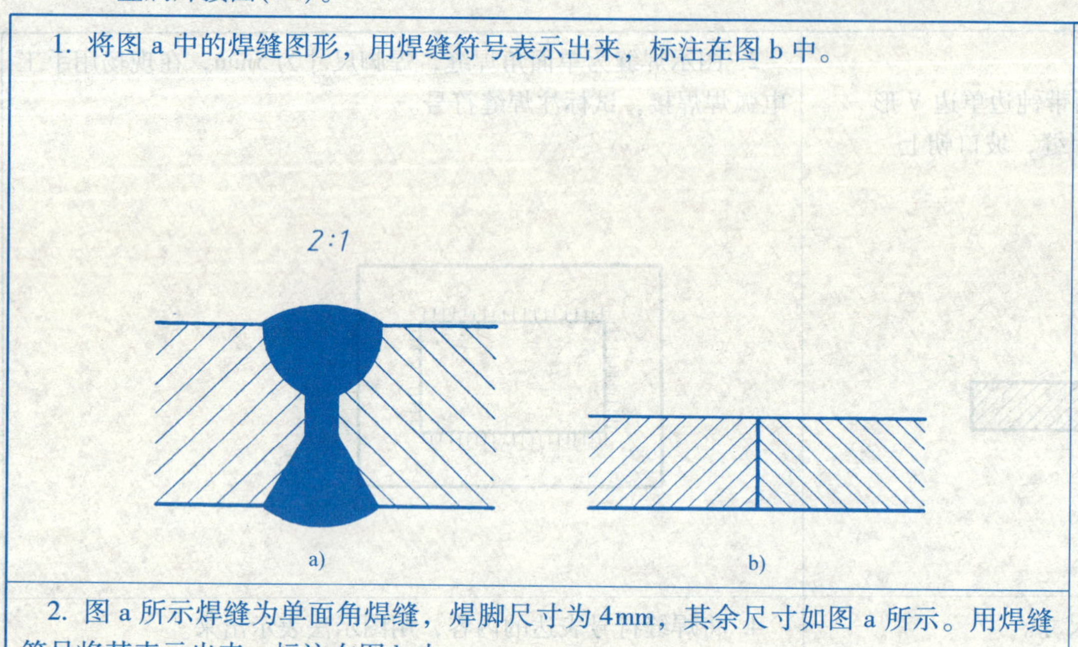

a)　　b)

2. 图 a 所示焊缝为单面角焊缝，焊脚尺寸为 4mm，其余尺寸如图 a 所示。用焊缝符号将其表示出来，标注在图 b 中。

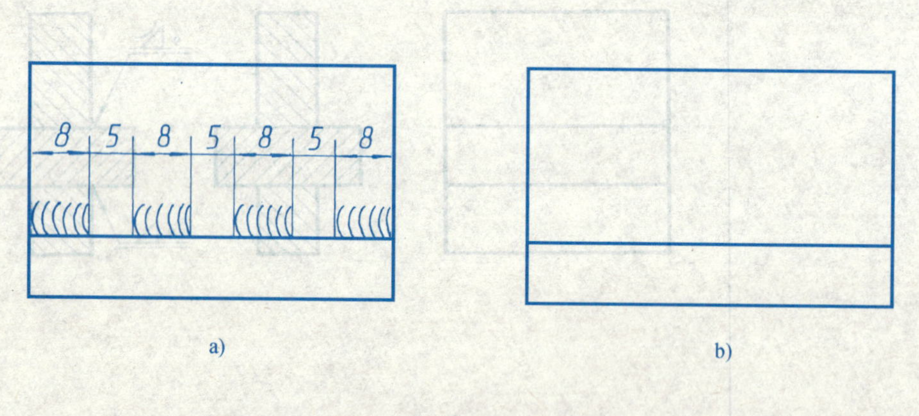

a)　　b)

3. 说明焊缝符号的意义。

5　210

工件____面有____焊缝，焊缝表面____，焊脚尺寸为____，________为 210mm。焊缝在________侧。

5　210
311

____焊缝在______侧，焊缝____为 5mm，________为 210mm。焊接方法为____________。

班级　　姓名　　学号

11-6　管路图基本知识练习。

1. 根据立面图完成平面图，并补画出左视图。

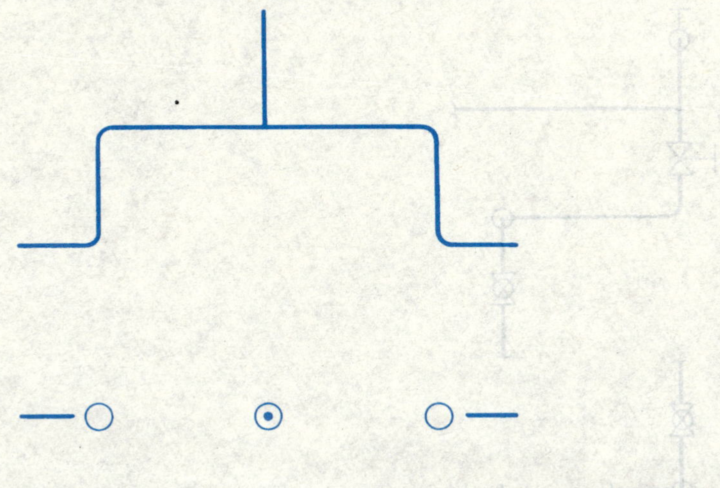

2. 根据平面图和立面图，补画左、右视图，并画出其管路的轴测草图。

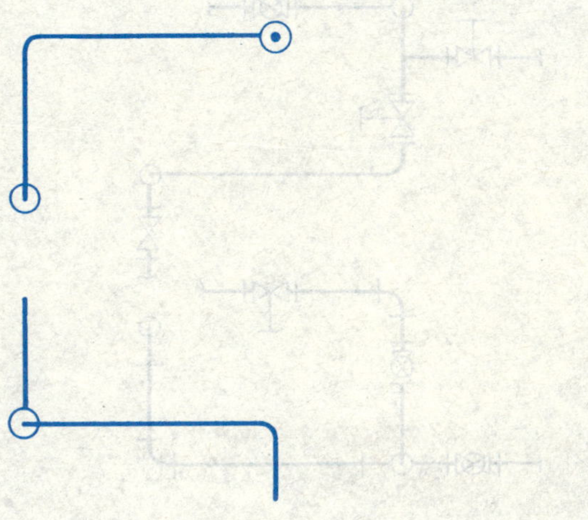

3. 根据管路轴测图，画其主、俯、左、右四面投影(2:1)。

4. 根据平面图并参照轴测图，画出其立面图和左视图，再用指引线标出相应的投影符号。

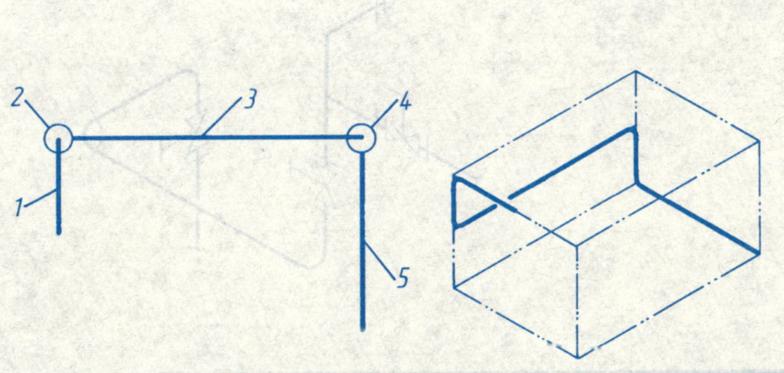

班级　　　　　　　　姓名　　　　　　　　学号

11-7　根据管路的主、俯视图(参照其轴测图)，补画左视图。

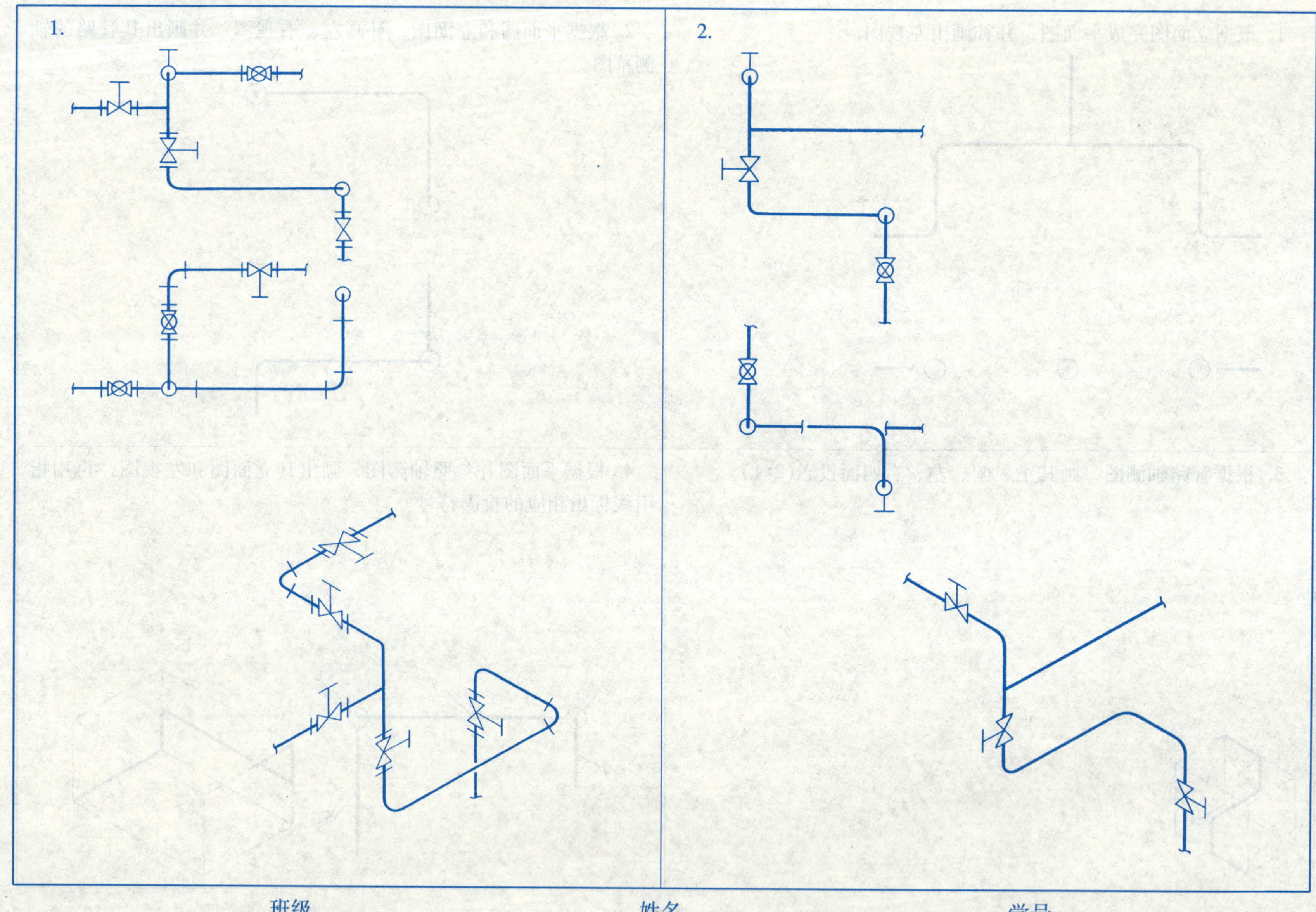

班级　　　　姓名　　　　学号

附录 选作题答案 1-1 零件立体图。

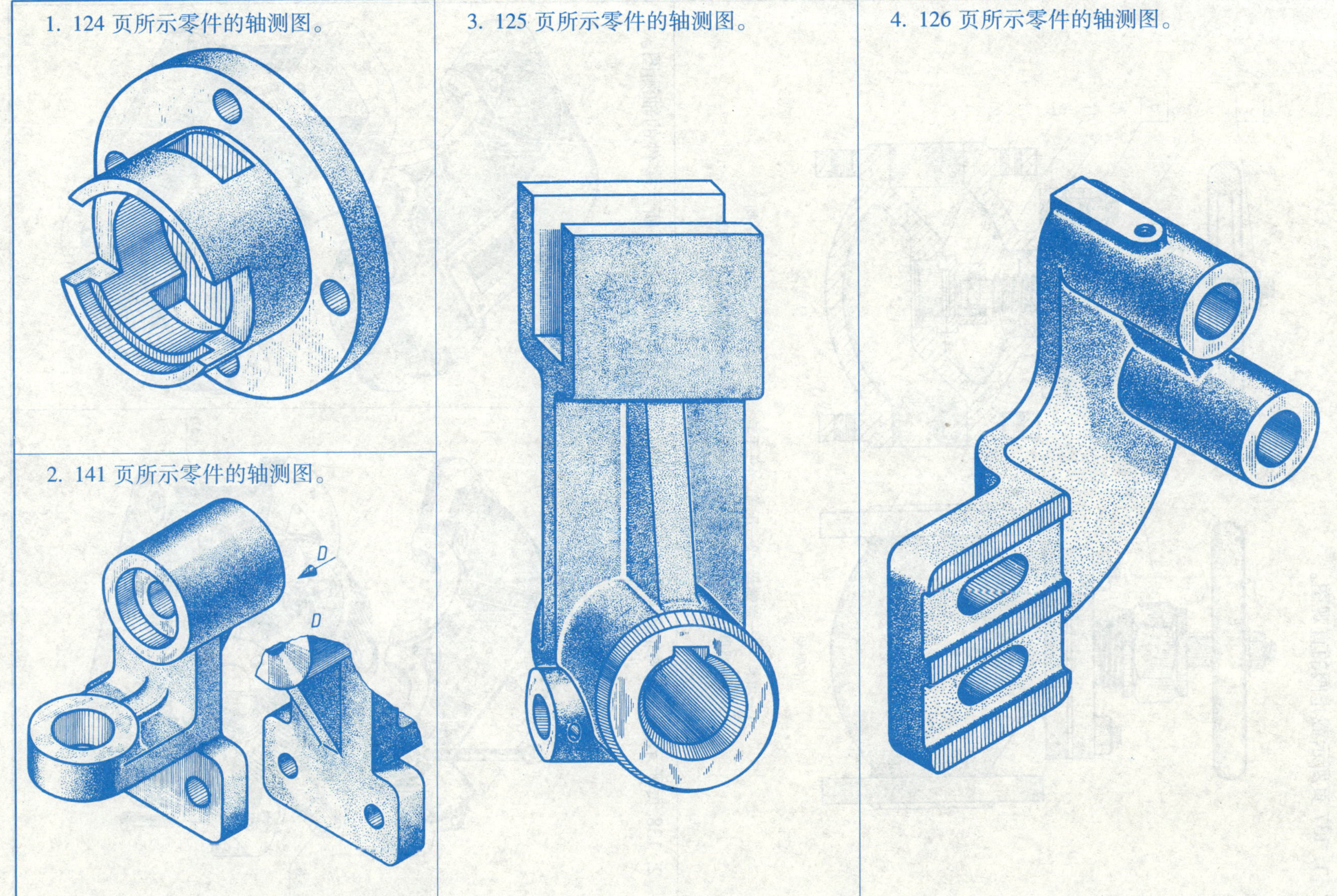

1. 124 页所示零件的轴测图。

2. 141 页所示零件的轴测图。

3. 125 页所示零件的轴测图。

4. 126 页所示零件的轴测图。

班级　　　　姓名　　　　学号

1-2　截止阀、减速机及其机座、机盖直观图、轴测图。

1. 137 页所示截止阀的直观图。

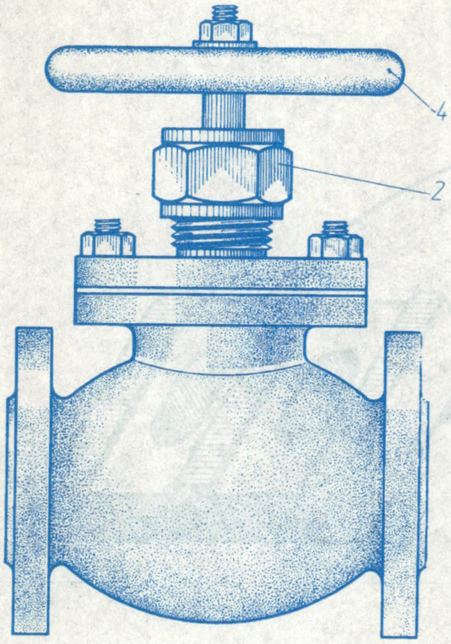

外观图

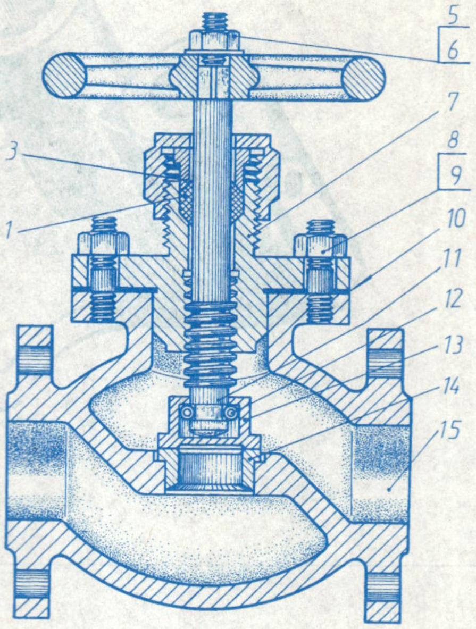

结构图

1—填料　2—盖螺母　3—压盖　4—手轮　5—螺母　6—垫圈　7—阀盖
8—螺母　9—螺柱　10—垫片　11—阀杆　12—插销　13—阀盘
14—阀座　15—阀体

2. 138 页所示减速机的轴测图。

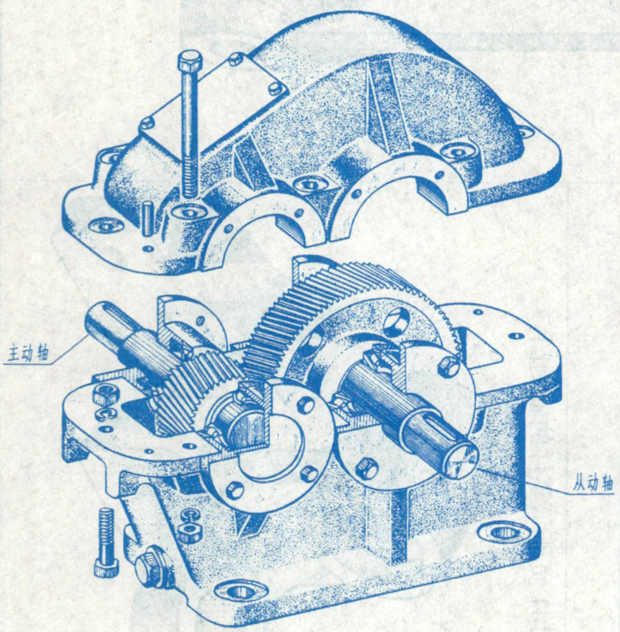

主动轴

从动轴

3. 127、128 页所示零件的轴测图。

班级　　姓名　　学号